OPEN是一種人本的寬厚。
OPEN是一種自由的開闊。
OPEN是一種平等的容納。

OPEN 1

邪惡植物博覽會
WICKED PLANTS

作　　者—艾米·史都華
繪　　者—布萊恩妮·莫羅—克里布斯（蝕刻畫）、強納森·羅森（插畫）
譯　　者—周沛郁
發 行 人—王春申
總 編 輯—張曉蕊
主　　編—王育涵
封面設計—吳郁婷
校　　對—呂佳真

業務組長—何思頓
出版發行—臺灣商務印書館股份有限公司
　　　　　23141 新北市新店區民權路 108-3 號 5 樓（同門市地址）
電話： (02)8667-3712　傳真： (02)8667-3709
讀者服務專線：0800056196
郵撥： 0000165-1
E-mail：ecptw@cptw.com.tw
網路書店網址：www.cptw.com.tw
Facebook：facebook.com.tw/ecptw

局版北市業字第 993 號
初版：2011 年 4 月
二版一刷：2014 年 1 月
二版四刷：2020 年 2 月
印刷廠：沈氏藝術印刷股份有限公司
定價：新台幣 320 元
法律顧問：何一芃律師事務所
有著作權·翻印必究
如有破損或裝訂錯誤，請寄回本公司更換

邪惡植物博覽會

WICKED PLANTS

The Weed That Killed Lincoln's Mother
And Other Botanical Atrocities

艾米·史都華 Amy Stewart／著

布萊恩妮·莫羅－克里布斯 Briony Morrow-Cribbs
強納森·羅森 Jonathon Rosen ／繪

周沛郁／譯

臺灣商務印書館 發行

獻給

PSB

Pinguicula spp

大地受到他眼中的同情刺激，難道不會產生邪惡的變化，長出毒灌木向他致意……他會不會突然陷入地裡，在原地留下一片枯萎荒蕪，過了一段時間，長出顛茄、山茱萸、天仙子和當地氣候能培育的任何邪惡植物，而且茂盛得嚇人？

　　納薩尼爾・霍桑（Nathaniel Hawthorne）
　　《紅字》（ *The Scarlet Letter* ）

目錄

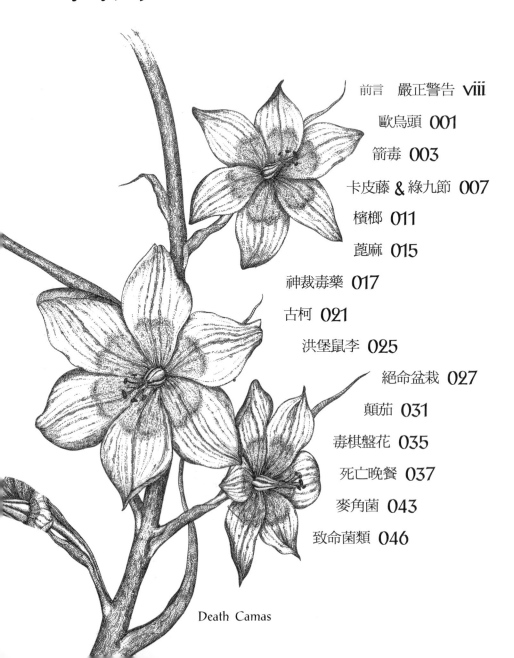

前言　嚴正警告 viii

歐烏頭 001

箭毒 003

卡皮藤 & 綠九節 007

檳榔 011

蓖麻 015

神裁毒藥 017

古柯 021

洪堡鼠李 025

絕命盆栽 027

顛茄 031

毒棋盤花 035

死亡晚餐 037

麥角菌 043

致命菌類 046

Death Camas

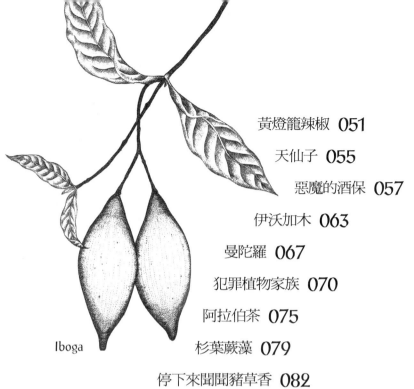

Iboga

黃燈籠辣椒　051

天仙子　055

惡魔的酒保　057

伊沃加木　063

曼陀羅　067

犯罪植物家族　070

阿拉伯茶　075

杉葉蕨藻　079

停下來聞聞豬草香　082

葛藤　087

死亡草坪　089

壞女人草　093

太陽出來了　095

馬瘋木　099

暫時閉上眼睛　101

毒參茄　105

大麻　109

洋夾竹桃　113

禁入花園　116

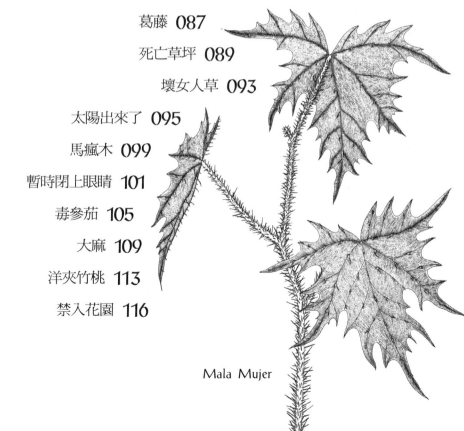

Mala Mujer

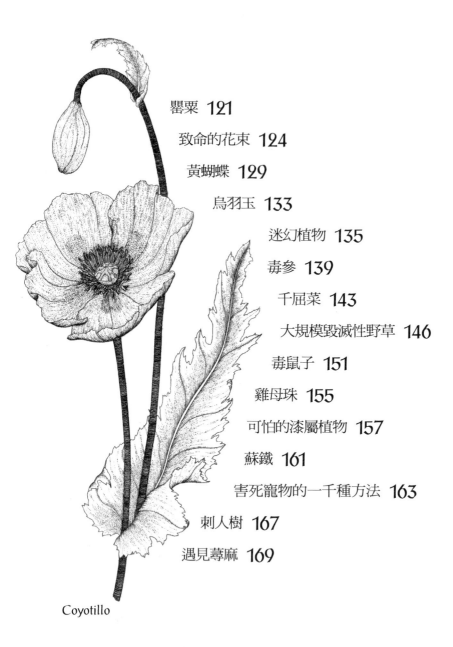

Coyotillo

罌粟 121

致命的花束 124

黃蝴蝶 129

烏羽玉 133

迷幻植物 135

毒參 139

千屈菜 143

大規模毀滅性野草 146

毒鼠子 151

雞母珠 155

可怕的漆屬植物 157

蘇鐵 161

害死寵物的一千種方法 163

刺人樹 167

遇見蕁麻 169

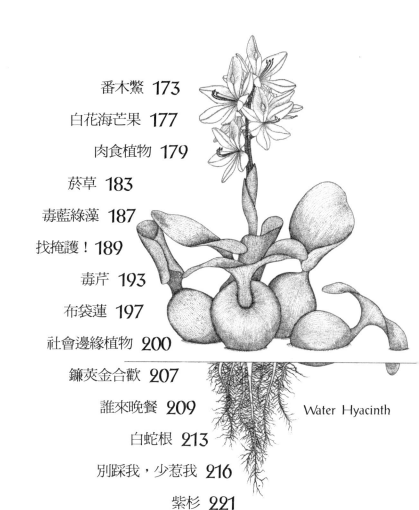

番木虌 173

白花海芒果 177

肉食植物 179

菸草 183

毒藍綠藻 187

找掩護！189

毒芹 193

布袋蓮 197

社會邊緣植物 200

鐮莢金合歡 207

誰來晚餐 209

白蛇根 213

別踩我，少惹我 216

紫杉 221

附記　解毒劑 225

有毒植物園 226

參考文獻 228

Water Hyacinth

前言

嚴正警告

　　樹木會落下毒匕首、亮晶晶的紅種子能停止心跳、灌木會造成無法忍受的痛楚、藤蔓帶著劇毒、葉子能引發戰爭。在植物界裡，有超乎想像的邪惡伺伏。

　　納薩尼爾・霍桑在他1844年發表的故事《拉帕其尼的女兒》（*Rappaccini's Daughter*）中，敘述一名老醫生在圍起的神祕園子裡，栽培了有毒植物。在他的灌木、藤蔓面前，老人的舉止有如「在猛獸、致命的蛇或惡靈這類惡毒勢力之間走動的人；只要他放任它們片刻，它們便會帶來恐怖的死亡」。故事主角是年輕的喬凡尼，他從窗戶窺看，擔憂地「發現整理花園雖然是最簡單、無害的粗活，老人卻帶著這種不安的氣息」。

　　無害？這是喬凡尼窗下茂盛的植物在他眼中的印象，我們對自家花園和野外遇到的植物，也是這樣的印象；我們總抱著天真的信任。人行道上棄置的咖啡，我們不會撿來喝，但健行的時候，發現像為了滿足我們口腹之慾而出現的陌生漿果，我們

卻會拿來吃。朋友給的樹皮和葉子雖然無法辨識，我們卻覺得自然的東西都無害，而拿來煮藥茶。抱嬰兒回家時，我們急忙在插座上加裝安全罩，卻無視於廚房裡的室內盆栽和前門的灌木——更無視於每年被插座電到的人只有三千九百個，卻有六萬八千八百四十七人植物中毒。

歐烏頭漂亮的藍色花朵帶有劇毒，能讓人窒息而死；洪堡鼠李的漿果會造成緩慢但致命的麻痺。你可以經年做園藝，不用為歐烏頭這類植物所苦；健行無數哩，不遇上洪堡鼠李的灌木。然而，你早晚會看到植物界的黑暗面。到時候，你最好有備無患。

筆者寫這本書，**不是**為了讓大家嚇得不敢去戶外。恰恰相反。筆者認為，多沉浸於大自然很有好處——但我們也應當了解大自然的威力。我住在地形崎嶇的北加州海邊，每年夏天，太平洋就會從背後偷襲在海灘度假的一個家庭，帶走一條生命。我們這兒的居民，都知道所謂的瘋狗浪會毫無預警地奪人性命。我愛大海，但我絕不會對它失去戒心。我們對植物也該有這種帶著防備的敬意。植物能滋養治療，但也能帶來毀滅。

本書裡有些植物，素負臭名。有種雜草害死了林肯總統（Abraham Lincoln）的母親。有種灌木差點讓美國最著名的景觀設計師佛瑞德列克・洛・奧姆斯德（Frederick Law Olmsted）失明。有種花朵球根讓路易士與克拉克探險隊（Lewis and Clark expedition）的成員生病。哥倫比亞和玻利維亞一種刺激性的小灌木「古柯」為全球的毒品戰爭推波助瀾。而古希臘人則將嚏根草

用於世上最早期的化學戰。

態度惡劣、窮兇惡極的植物也不可不知：葛藤曾在美國南部吞下汽車、房子，而名為殺手藻的一種海藻從賈克·柯斯托[1] 位於摩納哥的水族館裡溜出來，逐漸覆蓋全球各地的海床。可怕的屍花會散發死屍的臭味；肉食性的豬籠草可以吃下老鼠，而鐮莢金合歡住了兇狠的螞蟻大軍，誰敢靠近就遭到攻擊。甚至致幻的蘑菇和有毒藻類這些植物界之外的生物，也因為作惡多端而名列本書中。

如果本書能有娛樂、警告或啟發的效果，就達成了我的目標。我不是植物學家或科學家，只是喜愛自然界的作家、園藝家。書裡的這些植物，是世上數以千計的植物中最迷人、最邪惡的成員。如果想找概括性的有毒植物辨識指南，我在參考書目處有特別整理出一節。如果懷疑有人植物中毒，請不要為了確認症狀或診斷，浪費寶貴的時間翻找這本書。筆者雖然寫了許多毒物可能的影響，但有毒物質的效力可能依植物體大小、中毒時刻、氣溫、植物部位、消化情況而有很大的不同。切勿自行判斷，請打電話到美國毒物控制中心（800）222-1222（限美國地區），或尋求緊急醫療援助。

最後提醒你，請不要拿不熟悉的植物做實驗，也不要輕忽植物的力量。在花園做事要戴手套；在小徑上吞下漿果或把植物的根丟進鍋裡之前，請三思。如果家有幼兒，要教他們別把植物放進嘴裡。有寵物的話，請除去牠們環境中的有毒植物。說來悲

---

1 Jacques Cousteau（1910-1997），法國海軍軍官、探險家、生態學家，亦為海洋及海洋生物研究者。

哀，種苗培育業者毫不重視辨識有毒植物的重要性；務必讓你的花卉中心知道，可能傷害你的植物要加上有效而精確的標示。並且借助可靠的資訊來源，分辨有毒、藥用和食用植物（網路上流傳不少錯誤資訊，可能造成悲慘的後果）。筆者不會避提有毒植物，但將之納入本書是為了警示，而不是背書。

筆者承認自己深受植物界的犯罪元素吸引。我愛了不起的反派，無論是花展中的綠珊瑚這種枝狀的仙人掌（其腐蝕性的汁液會讓皮膚受傷），或是在沙漠盛開的迷幻性夜花，毛曼陀羅（*Datura inoxia*）。分享它們黑暗的小祕密帶來的樂趣，令人無法抗拒。何況這些祕密不只潛伏在遙遠的叢林裡，還會現身我們自家後院。

歐烏頭 Aconite

學名：*Aconitum napellus*

科名：毛茛科（Ranunculaceae）

生育環境：肥沃潮濕的花園土壤、溫帶氣候

原生地：歐洲

俗名：附子草、泥烏頭、monkshood（僧帽草）、wolfsbane（狼毒草）、leopard's bane（豹毒草）

　　1856年，蘇格蘭一個名叫丁瓦（Dingwall）的村子裡，一場晚餐聚會落得驚恐的結局。派出去挖山葵的僕人挖成了歐烏頭（別名僧帽草）。廚師沒注意到交來的食材不對，就把歐烏頭磨進烤肉醬料裡，害死兩名出席晚餐的神父。其他客人雖然不適，但僥倖活了下來。

　　時至今日，歐烏頭依然容易和食用植物混淆。歐美的花園和野地，都看得到這種低矮強韌的多年生草本植物。它的俗名「僧帽草」來自穗狀的藍花，花朵最上側的萼片形狀有如頭盔、兜帽。植株的各部位都含劇毒。園藝家每次靠近歐烏頭，都得戴上手套，而遊客萬萬不能受它蘿蔔狀的白色根部引誘。加拿大演員安德烈・諾布爾（Andre Noble）就是在2004年健行途中碰到這種植物，而死於歐烏頭中毒。

歐烏頭的毒性來自一種生物鹼──「烏頭鹼」（aconitine），能麻痺神經、降低血壓，甚至停止心跳（生物鹼乃一種化合物，通常對人類或動物具有藥效）。吃進植株或根部，可能會造成嚴重嘔吐，最後窒息而死。尋常的皮膚接觸也會造成麻木感、刺痛及心臟病症狀。歐烏頭的毒性太強，納粹科學家因此發現可以用作毒子彈的原料。

希臘神話中，英雄海格力斯將三個頭的地獄犬從冥府拖出來時，地獄犬滴落的唾液便長出致命的歐烏頭。傳說歐烏頭的另一個俗名「狼毒草」的起源，是古希臘獵人會拿烏頭當獵狼的餌、在箭上染毒。歐烏頭因為中世紀以來就被女巫用於藥劑而聞名，因此在哈利波特系列中扮演了舉足輕重的角色──石內卜教授將之浸泡成藥，幫助雷木斯·路平變身成狼人。

納粹科學家發現歐烏頭可以用作
毒子彈的原料。

誰是它親戚

歐烏頭的親戚有開著可愛藍白花的雙色烏頭（*Aconitum cammarum*）、像飛燕草的烏頭（*A. carmichaelii*）和黃花的牛扁（*A. lycoctonum*），牛扁一般亦稱為狼毒草。

箭毒

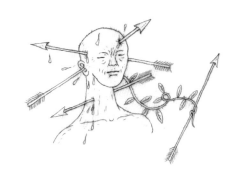

南美洲和非洲的原住民部落用有毒植物做箭毒，已有數百年歷史。熱帶藤蔓的毒液抹到箭頭上，就是戰士和獵人很有效的武器。包括熱帶藤蔓毛谷樹在內的許多箭毒都能造成麻痺，使肺臟停止運作，最後連心臟也不跳了，但中毒者的外表通常不會有痛苦的跡象。

毛谷樹 Curare

學名：*Chondrodendron tomentosum*

堅韌的木質藤本植物，見於南美各地。含有強烈的生物鹼──「右旋筒箭毒鹼」（d-tubocurarine），有肌肉鬆弛的功效。獵人可以用這種箭毒讓獵物迅速失去行動能力，甚至讓鳥類跌下樹。其毒性只有直接進入血流才有效，在消化道中沒有作用，因此用毛谷樹當箭毒獵到的獵物，食用時安全無虞。

獵物（或敵人）即使沒有立即斃命，也會在數小時內因呼吸系統麻痺而死亡。此毒物的動物研究顯示，呼吸停止後，雖然可憐的動物看似已經死亡，但心臟還會繼續跳動一小段時間。

這種藥物的效力影響了十九、二十世紀的內科醫生，他們發現可以靠這種藥讓病人在手術中靜止不動，可惜不能解除痛楚，

但至少能讓醫生進行手術，不受亂動的病人干擾。手術過程中，只要由外力維持呼吸，保持肺部運作，最後毛谷樹的效力就會自然耗盡，沒有任何長期副作用。其實幾乎整個二十世紀之中，毛谷樹的萃取物都和其他麻醉劑混合使用，後來才由改良的新藥取而代之。

毛谷樹的英文「curare」更廣義的意義，是指多種植物提煉的箭毒，包括：

毒馬錢 Strychnine Vine

學名：*Strychnos toxifera*

原生於南美的藤本植物，和番木鱉（strychnine tree，*Strychnos nux-vomica*）是近親。和毛谷樹一樣會造成麻痺。二者經常合併使用。

綠毒毛旋花 Kombe

學名：*Strophanthus kombe*

非洲原生藤本植物，含有一種強心配糖體，能直接作用於心臟。高濃度下，可能使心跳停止，但其萃取物也是治療心跳停止或心律不整的強心劑。十九世紀的植物探險家約翰・柯克爵士（Sir John Kirk）取得本植物的樣本，打算帶回倫敦市郊裘村的皇家植物園，卻意外參與了一個醫學實驗——他的牙刷上不小心沾到一點植物的汁液，刷完牙後，出現心跳速度驟降的情形。

見血封喉樹 Upas Tree

學名：*Antiaris toxicaria*

桑科植物，原生地為中國及亞洲其他地區。樹皮及葉片的汁

液含有劇毒。查爾斯‧達爾文（Charles Darwin）的祖父伊拉斯姆斯（Erasmus Darwin）聲稱，任何人只要靠近這種樹周圍數哩之內，就會被它的毒氣殺死。雖然只是傳說，但查爾斯‧狄更斯（Charles Dickens）、拜倫勳爵（Lord Bryon）和夏綠蒂‧布朗特（Charlotte Brontë）的作品中，都曾提及見血封喉樹的毒氣。推理小說家桃樂絲‧L‧榭爾斯（Dorothy L. Sayers）的一個小說角色，曾形容一名連續殺人犯是「見血封喉樹的近親」。其汁液和其他箭毒一樣，含有強烈的生物鹼，能讓心臟停止跳動。

> 查爾斯‧達爾文的祖父伊拉斯姆斯聲稱，任何人只要靠近這種樹周圍數哩之內，就會被它的毒氣殺死。

毒箭植物 Poison Arrow Plant

學名：*Acokanthera* spp.

英文原名名副其實的這種植物，原生於南非，致命攻擊的目標也是心臟。部分報告顯示，利用這種植物的方法非常狠毒，是把樹汁塗在蒺藜（puncture vine，*Tribulus terrestris*）的尖銳果實上。蒺藜果實呈結實的鐵蒺藜狀，而鐵蒺藜這種簡單的棘狀武器永遠是二至多根刺著地，一根刺朝上。金屬製的蒺藜自羅馬時代就有了；丟在敵軍接近時的路徑上，非常方便。蒺藜的種子塗上尖藥木的汁液後，就能有效讓毒液進入攻擊者的腳，而且半吋長的刺也會讓他們的速度大減。

卡皮藤 Ayahuasca Vine
&
綠九節 Chacruna

卡皮藤 Ayahuasca Vine

學名：*Banisteriopsis caapi*

科名：黃檾花科（Malpighiaceae）

生育環境：南美熱帶森林

原生地：祕魯、厄瓜多爾、巴西

俗名：yage（亞黑）、caapi（卡皮）、natem（納坦）、dapa（達帕）

綠九節 Chacruna

學名：*Psychotria viridis*

科名：茜草科（Rubiaceae）

生育環境：亞馬遜地勢較低處；亦見於南美其他地區

原生地：巴西

俗名：chacrona（查克隆納）

　　小說家威廉‧巴洛斯（William Burroughs）在叢林裡喝了卡皮藤茶之後，把他的發現告訴詩人艾倫‧金斯堡（Allen Ginsberg）。

艾利斯・瓦克（Alice Walker）便去找這種植物；除了他之外，還有旅遊作家保羅・索魯（Paul Theroux）、歌手保羅・賽門（Paul Simon）與史汀（Sting）。卡皮藤後來成了專利訴訟、最高法院的案子和一些緝毒案的對象。

取木質藤本的卡皮藤樹皮，加入綠九節的葉子一起煮，會得到一種很強烈的茶，阿亞瓦斯卡（ayahuasca，即卡皮藤在南美方言的名字；或稱瓦斯卡〔hoasca〕）。綠九節含有精神刺激藥物二甲基色胺（dimethyltryptamine, DMT），屬於一級管制藥品；但加入特定的植物（通常是卡皮藤），藥效才會顯現。卡皮藤含有天然的單胺氧化酶抑制物，和處方的抗憂鬱藥成分類似。將這兩種加在一起，就會得到迷幻的經驗。

運用這種茶最知名的一個宗教團體，是植物聯盟（União do Vegetal, UDV）。他們的儀式通常長達數小時，並由教派中經驗老到的成員監督。參與者會體驗奇異的幻覺；一名參與者如此描述：「有黑暗的生物飛過去，嘶嘶叫的長蛇纏繞在一起，龍噴著火。還有類似人的形體在尖叫。」

體驗通常是以劇烈嘔吐作結。教派認為嘔吐代表淨化了精神問題，或淨化了惡魔。參與儀式的人表示，儀式紓解了他們的憂鬱，治癒了上癮症，或改善了他們的健康問題。臨床證據不足，不過卡皮藤的成分和處方的抗憂鬱藥物近似，已引起一些研究人員注意，希望有進一步的發現。

卡皮藤茶也引起傑弗瑞・布朗夫曼（Jeffrey Bronfman）的注意。他出身的富裕家族是威士忌及琴酒製造商施格蘭（Seagram）

的創始者。布朗夫曼在美國創立了植物聯盟的支派，開始進口這種茶。1999年，他的貨物遭美國海關官員扣留，布朗夫曼訴請歸還他的茶。案子最後到了最高法院，2006年，最高法院做出有利於他的判決，准許將這種茶用於宗教目的。最高法院的判決主要根據的是「恢復宗教自由法案」（Religious Freedom Restoration Act）。國會通過這條法案，是為了回應最高法院先前否決上訴，未批准以宗教目的服用烏羽玉這種仙人掌。根據新聞報導，植物聯盟慈善精神中心（Centro Espírita Beneficente União do Vegetal）當時的成員有一百三十人，在布朗夫曼位於聖塔菲的家中聚會。美國緝毒署則持續取締非因宗教目的使用卡皮藤和其他含DMT產品的案件。

誰是它親戚

　　卡皮藤所屬的黃褥花科成員眾多，皆為開花灌木和藤本植物，主要分布於南美與西印度群島。

誰是它親戚

　　綠九節是茜草科的一員；它的親戚包括含奎寧的金雞納樹，和有毒的地被植物香豬殃殃（sweet woodruff，*Galium odoratum* syn. *Asperula odorata*），香豬殃殃可用於調味五月酒。同屬的另一種植物是吐根（*Psychotria ipecacuanha*），可製成吐根糖漿，是植物中毒的解藥。

檳榔 Betel Nut

學名：*Areca catechu*

科名：棕櫚科（Arecaceae）

生育環境：熱帶森林

原生地：馬來西亞

俗名：菁仔、betel palm、areca（檳榔樹）、pinang（賓門）

    檳榔樹優雅挺立，離地逾三十呎的深綠細長樹幹上長著光滑的深綠葉片，開出可愛的白花，染香了熱帶的微風。這種棕櫚樹還會長檳榔子，檳榔子是上癮性的興奮劑，食用後牙齒發黑，唾液變紅。世界上有四億人口嚼食檳榔。

    嚼檳榔的歷史可以回溯到數千年前。泰國的一個洞穴裡，找到西元前5000到7000年間的檳榔子，在菲律賓則發現一具西元前2680年的骨骸，牙齒被檳榔汁染黑。

    檳榔和古柯葉一樣含在臉頰內側和牙齦之間，通常會加入別的東西提味。印度的用法是將檳榔薄片包在新鮮的檳榔葉裡，加上一點熟石灰（灰爐中提煉出的氫氧化鈣）、一點印度香料和一點菸草。包在外面的檳榔葉是蒌藤（"betel" vine，*Piper betle*）的葉片（即蒌葉）。蒌藤是低矮的多年生草本植物，葉片也是興奮劑。其實檳榔的英文名就是來自這種和檳榔有協同作用、無親緣

卻有關係的植物。

這種葉和子的小包裹（通常稱為一粒包葉仔）有著辛辣苦澀的味道，會釋出類似尼古丁的生物鹼。食用後精神振奮，輕微亢奮，唾液的分泌量多到讓人無所適從。

嚼檳榔時，嘴中持續流出的紅色口水只有一種辦法可處理，就是吐出來（吞食會導致反胃）。檳榔盛行的國家，人行道上常染著紅色的檳榔汁。聽起來不舒服的話，且看詩人兼評論家史蒂芬・富勒（Stephen Fowler）的敘述：「唾腺的分泌量全開，有種近乎高潮的滿足感。之後的感覺更棒——嚼完之後，你的口腔會超出想像地芬芳香甜。你會感到無比清爽、排空、淨化。」

印度、越南、新幾內亞、中國和台灣都有檳榔的愛好者，政府則努力掃蕩「檳榔西施」，也就是路邊攤子裡穿著清涼、向卡

車司機販賣產品的女性。

　　嚼檳榔會上癮，戒斷症狀包括頭痛與盜汗。此外，常嚼檳榔會提高罹患口腔癌的機率，也可能導致氣喘和心臟病。檳榔在全球大部分地區並沒有管制，但公共衛生單位憂心其對健康的威脅，可能超過菸草。

嘴中持續流出的紅色口水只有一種辦法處理，就是吐出來。

誰是它親戚

　　檳榔屬（Areca）包括近五十種棕櫚樹，其中最著名的就是檳榔。檳榔的同謀荖藤的親戚有黑胡椒的原料：胡椒（*P. nigrum*），和甘甜的草本保健食品卡瓦的原料：醉胡椒（*P. methysticum*）。

蓖麻 Castor Bean

學名：*Ricinus communis*
科名：大戟科（Euphorbiaceae）
生育環境：溫暖、冬季溫和的氣候，土壤肥沃，日照充足
原生地：西亞部分地區、東非
俗名：紅蓖麻、肚蓖、牛蓖子、杜麻、草麻、Palma Christi（基督之掌）、ricin（蓖麻）

　　1978年一個秋天早上，由共產黨投誠的BBC記者喬治·馬可夫（Georgi Markov）經過倫敦的滑鐵盧橋，站到公車站等車。他感覺到大腿後一陣刺痛，轉身看到一個男人撿起雨傘，喃喃向他道歉完就跑走了。接下來幾天，他開始發高燒，無法言語，後來開始吐血，最後進了醫院，宣告不治。

　　病理師發現他身體內幾乎所有器官都有出血症狀，還在馬可夫大腿找到一個小洞，腿中有一小粒金屬彈丸，彈丸上有蓖麻毒素，也就是蓖麻這種植物提煉出來的毒。雖然懷疑KGB探員涉案，但並沒有人被控犯下這椿聲名狼藉的「雨傘謀殺案」。

　　蓖麻這種外觀特別的一年生或不耐寒的多年生灌木，葉形為掌狀深裂，蒴果帶刺，種子大而帶斑點。有些較受歡迎的園藝種有紅色的莖，葉片帶酒紅斑紋。蓖麻在一個生長季內可長到十呎高，冬天沒凍死的話，會長成高大的灌木。全株只有種子具有毒

性，三至四粒種子就能致命，蓖麻中毒而活下來的人，不是種子沒有徹底咬碎，就是有迅速洗胃。

幾世紀來，蓖麻油都是流行的偏方（製造過程中，會去除蓖麻毒素）。一匙蓖麻油，是很有效的輕瀉藥。蓖麻油敷料僅限外用，可以減輕肌肉痠痛和發炎的症狀。此外，亦用於化妝品和其他產品中。

不過，即使這種天然的植物油，也並非百分之百無害。1920年代，墨索里尼的走狗會圍堵異議分子，把蓖麻油倒入他們的喉嚨，讓他們嚴重腹瀉。薛伍德·安德森（Sherwood Anderson）如此描述蓖麻油的酷刑：「看著一本正經的法西斯黨員穿著黑色上衣，屁股口袋突出一個瓶子，沿街追趕尖叫的共產黨員，十分有趣。抓到之後是可怕的攻擊，把倒楣的共產黨員拖到人行道上，瓶子塞進他嘴裡，一邊聽他含糊地咒罵世上所有的神祇和魔鬼。」

雖然懷疑KGB探員涉案，但並沒有人被控犯下這樁聲名狼藉的「雨傘謀殺案」。

誰是它親戚

飛揚草（garden spurge）又稱乳仔草（euphorbia），以其刺激性的乳汁聞名；聖誕紅也有輕微的刺激性，但並不像傳聞中的那麼危險；橡膠樹（*Hevea brasiliensis*）能產生天然橡膠。以上都是蓖麻的親戚。

神裁毒藥

　　十九世紀的歐洲探險家之間流傳著一個故事；據說有一種西非的豆子能判斷人有沒有罪。依照地方習俗，被告吞下豆子之後的情況，將決定審判的結果。吐出豆子就是無辜的，死了就是罪有應得。還有第三種情況——拉出豆子或排泄出來，這也表示有罪，犯人將賣為奴隸作為懲罰（早在1500年代初葉蓬勃的奴隸貿易，助長了西非刑事司法系統的這種歪風）。

　　這種審判的方式稱為神裁法，而用於神裁法的植物則稱為神裁豆。使用的豆子有數種，如果裁判有意影響結果，讓結果有利於被告，可以選毒性較弱的植物。

毒扁豆 Calabar Bean

學名： *Physostigma venenosum*

　　毒扁豆是神裁毒藥的首選，在溫暖的熱帶生長茂盛。植株可高達五十呎，花朵是可愛的小紅花，和紅花菜豆的花很像，之後會長出又長又扁的豆莢和深褐色的大豆子。

　　毒扁豆的毒性來自於毒扁豆鹼（physostigmine），其效果如神經性毒氣，會破壞神經和肌肉之間的神經訊息傳導途徑。服用後

會造成唾液分泌增加、抽搐、膀胱和腸子的擴約肌失控；最後將無法控制呼吸系統，窒息而死。

毒扁豆的化學組成加上一點空談心理學，或許能解釋面對神裁法的可憐人，為什麼會有天差地別的結果。知道自己清白的人，可能會快速咀嚼豆子，尊嚴地吞下去，快速服下會使他們在毒扁豆造成更大傷害之前吐出來。有罪的人怕死，因此小口小口地慢慢咬。說來諷刺，他們希望藉此延長性命，卻因為漸進式地服下消化完全的毒物，反而送了命。

1860年代，毒扁豆成了倫敦的熱門話題。詹姆斯‧李文斯頓博士（Dr. James Livingstone）從非洲回國，介紹了一種他稱為「紫紅」（muave）的毒藥，並指出部落的酋長會自願喝下「紫紅」，以證實他們的清白或堅毅的人格，或證明他們沒被施以巫術。瑪麗‧金斯利（Mary Kingsley）是探險家中的先鋒，她打破許多禁忌，獨自到非洲不曾有人探索的地區。她在1897年寫過一些部落成員服用他們稱為麥比安（Mbiam）的神裁毒藥之前，會先發誓：「如果我犯過這條罪……那麼，麥比安！我就任你處制！」

嚇人的吟唱沒有阻止無畏的英國科學家在自己身上試驗這種豆子。1866年，倫敦《泰晤士報》一則報導標題為〈為科學殉道〉（Scientific Martyrdom），敘述羅伯特‧克里斯提森爵士（Sir Robert Christison）「為了在自己身上測試最近引進的毒扁豆藥效，而差點害死自己……在千鈞一髮之際逃過一劫」。

馬達加斯加毒果樹 Tanghin Poison-Nut

學名：*Cerbera tanghin*

用於馬達加斯加，為白花海芒果的親戚，植物體全株具毒

性，甚至燃燒木材產生的煙也有毒。不過有毒性的核果是神裁法最方便的材料。

幾內亞格木 Sassy Bark

學名：*Erythrophleum guineense*

非洲團涎樹 Casca Bark

學名：*E. judiciale*

　　僅在剛果河沿岸使用，這種樹彎曲的紅褐樹皮毒性很強，能讓心跳停止。毒性足以殺死公牛，因此牧人深知不能讓牛隻靠近。其他別名有「神裁樹皮」（ordeal bark）、「審判樹皮」（doom bark）。

番木鱉 Strychnine Tree

學名：*Strychnos nux-vomica*

　　番木鱉的種子具有劇毒，足以用作神裁豆。得到番木鱉種子以證明清白的囚犯，最好爭取用其他的神裁毒藥；番木鱉不太會讓人嘔吐，比較可能造成痙攣，進而窒息死亡。

見血封喉樹 Upas Tree

學名：*Antiaris toxicaria*

　　原生於印尼，產生的毒樹汁也能做箭毒。一度謠傳見血封喉樹會產生麻醉性的毒氣（並非事實），傳說將犯人綁在見血封喉樹上，讓樹液和毒氣慢慢毒害罪犯，就能殺死他們。

古柯 Coca

學名：*Erythroxylum coca*
科名：古柯科（Erythroxylaceae）
生育環境：熱帶雨林
原生地：南美洲
俗名：古柯鹼、可卡因（cocaine）

　　1895年，席格蒙德・佛洛伊德（Sigmund Freud）在信中告訴同事，「用古柯鹼麻醉我左邊鼻子，對我的幫助十分驚人」。一種中等大小的樸實灌木完全改變了佛洛伊德的人生觀。他寫道：「過去幾天，我感覺好得不得了，像一切都被抹去了一樣……我覺得棒極了，好像不曾有過任何問題。」

　　考古學證據顯示，早在西元前3000年，人類就把古柯葉用作溫和的興奮劑，含在臉頰內側和牙齦之間。印加人在祕魯壯大時，古柯的供應都控制在統治階級手中；十六世紀，西班牙征服者到達時，天主教教會即禁止利用這種邪惡的植物。最後實際的憂心占了上風，西班牙政府發現最好管制使用古柯，加以課稅，同時讓採挖金礦、銀礦的奴隸有古柯可用。西班牙人發現，給原住民足夠的古柯，他們會長時間快速工作，食物也吃得少（經過這種處置數個月後，奴隸大都會死亡，不過誰在乎呢？）。

十九世紀中葉，一名義大利醫生保羅・曼特嘉沙（Paolo Mantegazza）推廣古柯葉在醫療、消遣上的應用。他著迷於自己的發現，寫道：「我蔑視被迫住在淚水溪谷的可憐凡人，我自己則乘著兩片古柯葉做的翅膀飛越了七萬七千四百三十八字，一字比一字更華麗……」

　　古柯鹼萃取自古柯葉，用於麻醉劑、止痛藥、助消化劑和綜合健康食品中。可口可樂這種無酒精飲料，早期也曾加入微量的古柯鹼；該公司的配方是嚴守的祕密，但據信他們依然加入古柯萃取物調味，只是少了古柯鹼。古柯葉由一家美國製造商向祕魯的國家古柯公司合法進口，轉換成可口可樂的祕密風味，萃取出古柯鹼作為醫藥用的局部麻醉劑。

　　古柯這種植物能鼓動人類戰爭，不但讓人類對彼此開戰，還會向古柯宣戰；這或許是古柯最致命的特性。健康的古柯灌木每年能產生三次新鮮光澤的葉子。古柯鹼和葉片中其他生物鹼是天然的殺蟲劑，有助於確保植物受攻擊時，依然生長旺盛。少數幾種植物都能萃取古柯鹼，不過最常用於萃取的還是古柯，目前栽培於安地斯山山區的東向坡。

　　現在安地斯山的原住民聚落依然嚼古柯葉，將古柯當作溫和的興奮劑。一些藥學研究發現，嚼古柯葉造成的刺激遠比古柯鹼溫和，不會上癮，而且在腦中作用的區域不同。古柯葉的養分含量出奇地高，並含有大量鈣質；玻利維亞新政府支持栽種古柯，一位部長甚至因此建議，不用給學童牛奶，給他們古柯葉就好。

　　這種灌木也在另一種敵人的攻擊下存活了下來。毒品戰爭

時，在空中噴灑了殺草劑嘉塞磷（glyphosate）。結果掃毒計畫因為有抗藥性的新變種古柯——超級古柯（*Boliviana negra*）而受挫。超級古柯的現身，靠的顯然不是實驗室裡的科學家，而是田野中就這麼發現天生有抗藥性的植物，並在古柯農之間傳開來。

提倡傳統古柯栽植的人指出，古柯鹼一百五十年前才在歐洲發明，但數千年前開始，古柯就是安地斯山的作物了。他們認為，使用古柯鹼造成的問題應該在那些國家解決，不該拿古柯當犧牲品。

> **古柯這種植物能鼓動人類戰爭，不但讓人類對彼此開戰，還會向古柯宣戰；這或許是古柯最致命的特性。**

誰是它親戚

古柯科的被子植物中，最著名的就是古柯，不過爪哇古柯（*Erythroxylum novagranatense*）也含有古柯鹼這種生物鹼。美國一些植物園可以看到假古柯（*E. rufum*）的芳蹤。

洪堡鼠李 Coyotillo

學名：*Karwinskia humboldtiana*
科名：鼠李科（Rhamnaceae）
生育環境：乾燥的美國西南部沙漠
原生地：美國西部
俗名：palo negrito（黑樹）、tullidora（杜利朵拉）、cimmaron（西馬隆）、capulincillo（卡布林西羅）

　　洪堡鼠李生長於德州平原，是外表平凡的灌木，高度通常在五、六呎以下。亮綠色葉子葉緣平滑，開著淡綠色花朵，完全不會讓人留下深刻印象。不過它秋天長出的黑色渾圓漿果，就恰恰相反了。

　　洪堡鼠李的漿果中，有種成分會造成麻痺的症狀──不過並不是立即見效。不幸的受害者在幾天（甚至幾星期）內都不會知道自己中了毒。但麻痺的症狀接著出現──如果這是謀殺懸疑小說，開始麻痺的時候，不幸的受害者就會正巧開車經過黑暗的山道，或是想溜過珠寶店的保全裝置。還有哪個作者能發明出更奸詐的毒藥呢？

　　這種貌似無害的漿果會讓動物的後腿失去行動能力，或無緣無故地後退。研究室中，讓動物服用恰到好處的劑量，能使之四

肢癱瘓。家畜在灌木叢裡自由覓食，最後後腿可能完全癱瘓，而死亡也就不遠了。

洪堡鼠李先作用於腳部，接著是腿的下部。四肢無法動彈之後，便會中止呼吸系統，然後讓舌頭和喉嚨無法出聲。洪堡鼠李大量生長於德州與墨西哥的邊界。諷刺的是，原文的名稱「coyotillo」是西班牙文小型的郊狼，借指幫助非法移民危險地越過邊境進入美國的人。有研究統計，某兩年中墨西哥就有五十人誤食這種漿果而死。

洪堡鼠李耐酷熱，能生長在高溫的土地，常見於南德州、新墨西哥州和墨西哥北部的深谷與乾涸河床。在適於生長的環境，植株可以高達二十呎，和小樹一樣高。

四肢無法動彈之後，便會中止呼吸系統，然後讓舌頭和喉嚨無法出聲。

誰是它親戚

洪堡鼠李是鼠李科的一員；這一科的許多灌木都是蝴蝶的寄主植物。[2] 鼠李科植物的果實大都是漿果，但不像洪堡鼠李的漿果有危險性。

---

2 主要為幼蟲食草，而不是蜜源植物。

絕命盆栽

有些廣受歡迎的室內盆栽，毒性超乎想像。
它們之所以受人青睞，不是因為能給寵物和小孩當點
心，而是因為在全年攝氏十至二十一度的環境裡也能長得
好。所以許多室內盆栽其實是熱帶植物，來自南美或非洲叢林。

聖誕紅是數一數二惡名昭彰的室內植物，卻遠不像傳說中的
那麼毒。這種植物是大戟科的一員，乳汁帶有輕微刺激性，止此
而已。然而，聖誕紅在年節假期前後都有不少負面新聞，其他更
毒的室內盆栽卻能逃過注意。

白鶴芋 Peace Lily

學名：*Spathiphyllum* spp.

原產於南美洲，造型簡單的白花和海芋很像。2005年打電話
到毒物控制中心的人之中，疑似白鶴芋中毒的人數多過其他任何
植物（不過這可能主要和植物受歡迎的程度有關，而和植物毒性
的關係較小）。白鶴芋含有草酸鈣（calcium oxalate）結晶，可能
刺激皮膚，導致口腔灼熱、吞嚥困難、反胃。

常春藤 English Ivy

學名：*Hedera helix*

　　這種隨處可見的歐洲藤蔓在戶外是地被植物，在室內也是最受歡迎的盆栽植物。漿果很苦，足以讓人打消吃下去的念頭，誤食則可能造成嚴重的腸胃道綜合症，甚至譫妄或呼吸系統問題。葉片的汁液會造成嚴重皮膚過敏及水泡。

蔓綠絨 Philodendron

學名：*Philodendron* spp.

　　外觀類似常春藤，原產於南美洲西印度群島區。植物全株含有草酸鈣。咬到一點葉子，只會使口腔微微灼熱，或引起輕微反胃，誤食則會導致嚴重腹痛；重複皮膚接觸可能引發嚴重過敏反應。2006年，美國毒物控制中心接獲超過一千六百通與蔓綠絨中毒有關的電話。

黛粉葉 Dieffenbachia
啞甘蔗 Dumb Cane

學名：*Dieffenbachia* spp.

　　熱帶南美植物，著名的專長是使聲帶暫時發炎，無法言語。據信本屬的一些種類會加入其他植物，做成箭毒。中毒狀況通常是口腔、喉嚨嚴重過敏，舌頭、臉部發腫和胃部問題。汁液也會刺激皮膚，碰到眼睛則會造成疼痛、對光敏感。

垂榕 Ficus Tree

學名：*Ficus benjamina*

印度橡膠樹 Rubber Tree

學名：*F. elastica*

　　這兩種室內植物是桑科裡的近親。這些植物的乳汁可造成嚴重的過敏反應。曾有一名女性案例有過敏性休克和其他恐怖症狀的病史，但自從家中的印度橡膠樹弄走後，就不藥而癒了。

綠珊瑚 Pencil Cactus or Milkbush

學名：*Euphorbia tirucalli*

　　這種非洲植物並不是仙人掌，英文名「Pencil Cactus」（鉛筆仙人掌）源於其枝條瘦長，與多肉植物神似。綠珊瑚造型亮眼而立體，成為現代室內設計的寵兒。但它就像大戟屬其他植物一樣，會分泌腐蝕性的汁液，引發嚴重的疹子、眼睛刺激。綠珊瑚在室內須修枝以維持合理的大小，而修枝一次就會帶來極痛苦的反應，出乎園藝家意料。

珊瑚櫻 Jerusalem Cherry or Christmas Cherry

學名：*Solanum pseudocapsicum*

　　常當作裝飾性的椒類植物售賣，分類上其實比較接近顛茄。珊瑚櫻全株含有一種生物鹼，會造成無力、昏昏欲睡、反胃、嘔吐和心臟問題。

顛茄 Deadly Nightshade

學名：*Atropa belladonna*

科名：茄科（Solanaceae）

生育環境：陰濕地帶；種子發芽時需要潮濕均質的土壤

原生地：歐洲、亞洲、北非

俗名：belladonna（美麗的女人）、devil's cherry（惡魔漿果）、dwale（杜瓦勒，盎格魯－撒克遜文，意指「讓人麻木或催眠的飲料」）

　　1915年，植物研究者亨利・G・華特斯（Henry G. Walters）教授推測，將食肉植物和有毒植物雜交的潛力，認為有毒植物如果具有食肉植物的「半肌肉系統，則會比霍亂更危險」。華特斯博士宣稱，植物有感情也有記憶，因此它們也可能像戀人一樣會憎恨；他認為顛茄充滿了怨恨。

　　顛茄全株都有毒，皮膚只要和植物體摩擦，就會生膿包；而黑色的漿果是顛茄最誘人的地方。1880年，維吉尼亞州有個農夫查爾斯・威爾森（Charles Wilson）的孩子都死於顛茄的漿果。為孩童寫的簡潔訃聞描述了一個令人痛心的週末：「最先是最小的，在星期四過世；第二個在星期天晚上；第三個，也是最後一個孩子，死於星期一。」

即使在今日，醫療文獻也見得到顛茄中毒的案例。一名年長女性每年秋天都會因某種精神障礙而進醫院；醫生找不到她幻覺、妄想和頭痛的起因。幾天後，症狀會自動消失。最後她女兒帶來一把她家附近灌木長的漿果。原來，每年秋天顛茄漿果成熟時，她都會把漿果當點心吃，但不知怎麼沒中毒喪命。

此外還有許多案例。一對夫妻把顛茄誤認為真正能吃的越橘，烤了一個顛茄派，在醫學史上贏得一席之地。土耳其有篇顛茄的文獻回顧發現，六年之間，有四十九名兒童因此中毒。大部分是出於好奇而吃下漿果，但至少有一名兒童是因為父母誤信顛茄能治腹瀉，而被餵食顛茄。

顛茄的黑魔法借助於一種叫阿托品（atropa）的生物鹼。阿托品會引發心跳加速、精神混亂、幻覺和抽搐。阿托品引起的症狀很難受，因此有時會加入可能上癮的止痛藥之中，防止病患上癮。醫學系學生記憶顛茄的中毒症狀時，靠的是一則簡單的口訣：「熱得像野兔，瞎得像蝙蝠，乾得像骨頭，紅得像甜菜，瘋得像瘋狂帽客[3]」。這時候的「瘋」指的是無意義的言語，也是顛茄中毒的指標。

這種多年生草本植物見於歐洲、亞洲和北美，在潮濕陰暗的地方生長茂盛。植株可長至三呎高，卵形葉片末端削尖，花朵呈紫褐色。這些花結出的漿果黑亮，一開始的綠色果實成熟後為紅色，秋天時變成帶光澤的全黑。

---

3 Mad Hatter，《愛麗絲夢遊仙境》裡的一個角色。

早期的醫生會把顛茄、毒芹、毒參茄、天仙子、鴉片和其他藥草製成強效的藥水，作為手術時的麻醉藥。阿托品今日依然用於醫療，可作為神經性毒氣和暴露於殺蟲劑而中毒的解毒劑。

　　從前義大利女性會在眼睛裡滴入顛茄的溫和酊劑，讓瞳孔放大，認為能提升魅力。俗名「belladonna」就是因此而得名；belladonna之意為美女，不過這個俗名也可能源自中世紀以神祕藥水治療窮人的巫醫朋瓦・多娜（buona donna）。

　　「阿托品」這個詞，來自希臘神話中的三位命運女神。每位命運女神都扮演了決定人類命運的角色。拉克西絲（Lachesis）在人出生時量出命運之線的長度；克蘿托（Clotho）紡出絲線，控制那人的命運；最後由阿特蘿波絲（Atropos）在她選定的時刻，以她選的方式帶來死亡。米爾頓（Milton）筆下如此寫她：

　　　　盲眼的憤怒女神帶著討厭的剪刀，
　　　　　剪斷細細紡成的生命。

誰是它親戚

　　顛茄屬於龐大而難馴的茄科，同科的植物包括天仙子、毒參茄、曼陀羅，還有香辣的黃燈籠辣椒。

　　　　熱得像野兔，瞎得像蝙蝠，乾得像骨
　　　　頭，紅得像甜菜，瘋得像瘋狂帽客。

毒棋盤花 Death Camas

學名：*Zigadenus venenosus* 及其他
科名：黑藥花科（Melanthiaceae）
生育環境：河邊肥沃草地
原生地：北美，主要於西部地區
俗名：black snakeroot（黑蛇根草）、star lily（星狀百合）

　　數種毒棋盤花在美國西部的草原上欣欣向榮。毒棋盤花是球根植物，葉片像草，呈長條狀，花簇生，為粉紅、白或黃色的各種色調。全株植物含有毒的生物鹼，各植種之間的毒性強弱雖然不同，但為安全起見，最好視為全都有劇毒。誤食植株任何部位或球根，嘴裡會流口水或產生白沫、嘔吐、極度虛弱、脈搏紊亂、精神混亂、頭暈。中毒嚴重者，後期的症狀是抽搐、昏迷，死亡。

　　毒棋盤花中毒是很嚴重的牲畜問題。羊隻容易受毒棋盤花吸引，尤其早春沒別的植物可以吃。地面潮濕的時候，牲畜常將毒棋盤花連根拔起。牲畜一旦中毒，就無藥可救，通常發現時已經死亡。

　　營養學家及食物歷史學家伊蓮·尼爾森·麥金塔（Elaine Nelson McIntosh）最近發現，路易士與克拉克的探險隊成員遇到的

可怕疾病，可能和毒棋盤花有關。1805年9月，隊伍行經落磯山脈中特別崎嶇的苦根山脈（Bitterroot Mountains）。他們的食物快耗盡，出現了各種營養不良的症狀，包括脫水、眼睛痠痛、發疹、長癤、傷口難癒。9月22日，隊伍設法和內茲佩爾塞（Nez Perce）部落討到了一點食物，包括魚乾和霞花（blue camas，*Camassia* spp.）這類植物的根。這兩種食物他們之前都吃過，沒發生問題。

　　隊中的成員困於重病，飽受腹瀉和嘔吐的折磨。路易士本人重病了兩星期。麥金塔醫生確信他們可能將毒棋盤花誤認為霞花，因而中毒。當時還沒開花，因此二者很難區別，甚至熟悉球根的當地原住民也可能無心犯錯。等待隊員病癒時，探險中止。他們的隊伍最後終於艱苦地繼續前進，然後碰上冬天，被迫吃掉隊上的狗，甚至冒險去吃其他不熟悉的植物根部。

> **路易士與克拉克的隊伍最後終於艱苦地繼續前進，然後碰上冬天，被迫吃掉隊上的狗，甚至冒險去吃其他不熟悉的植物根部。**

誰是它親戚

　　毒棋盤花曾經被分類在百合科，現在所屬的科裡都是野生球根植物，大都有毒。它的親戚包括山藜蘆（false hellebore，*Veratrum album*）和延齡草（*Trillium* spp.）。

死亡晚餐

　　玉米、馬鈴薯、豆類和腰果之間有什麼共通點？答案是，它們在特定的情況下都有毒。世上最重要的一些糧食作物含有有毒物質，因此需要烹煮或和其他食物一起食用才安全。其中有些作物（如山黧豆）因為將飢荒變成更悲慘的大災難，而舉世聞名。

山黧豆 Grass Pea

學名：*Lathyrus sativus*

　　又稱野豌豆（chickling vetch），幾世紀來都是地中海、非洲、印度和亞洲部分地區的重要食物。山黧豆和大部分豆類一樣，是很好的蛋白質來源，但山黧豆有一個很大的缺點──含有一種神經毒，β-N-草醯二胺基丙酸（beta-N-oxalyl-diamino propionic acid, beta-ODAP）。山黧豆中毒或beta-ODAP中毒的第一個症狀是兩腿無力。有毒物質最後會殺死神經細胞，使受害者腰部以下麻痺。若沒有治療，必死無疑。

　　那麼，這種豆類怎麼會是麵粉、麥片粥和燉菜裡常見的成分呢？原來只要在水裡浸泡很長時間，或在麵包、餡餅中發酵，就沒什麼危險。山黧豆是嚴重乾旱時還能存活的少數糧食作物。那時能吃的東西不多──也沒有足夠的水浸泡山黧豆了。

　　醫學之父希波克拉底斯（Hippocrates）曾經警告，「一直吃豆

子會使雙腳虛弱」。現在衣索匹亞和阿富汗面臨飢荒時最大的悲劇是，富含蛋白質的山黧豆通常留給男人，好讓他們有力養家，沒想到結果恰恰相反，害得他們只能跪著爬行（一份報告指出，「山黧豆中毒的人住的往往是泥土地的小屋，買不起輪椅」）。即使乾旱解除，不再吃山黧豆，依然可能終生殘廢。

西班牙宮廷畫家法蘭西斯科・哥雅（Francisco Goya）在他1810年的蝕版畫《感謝山黧豆》（*Gracias a la Almorta*）中，呈現了山黧豆中毒的慘狀。畫中描繪了西班牙對抗拿破崙大軍的獨立戰爭期間，山黧豆中毒大爆發的情景。

山黧豆的外觀和一種香豌豆很像，爬藤上長著捲鬚和藍色、粉紅、紫色或白色的花朵。香豌豆常作為牛隻的草料，今日仍然見於全球許多國家的料理中。

玉米 Corn

學名：*Zea mays*

美國原住民知道如何儲藏這種當地作物才安全。傳統的食譜中，玉米必須加入熟石灰或氫氧化鈣這種天然礦物質（玉米餅的基本配方裡，依然得加石灰）。沒加熟石灰，就無法吸收玉米中的菸鹼酸。除非單獨吃玉米，而且玉米之外其他食物吃得不多，才會有影響。不知道風險的早期移民就碰上了。結果是嚴重的菸鹼酸缺乏症，亦即糙皮症。

早在1735年，玉米從新世界進口到西班牙和歐洲其他地區時，窮人身上就出現了癩皮病的症狀。這些症狀後來被稱為4D：皮膚炎（dermatitis）、失智症（dementia）、腹瀉（diarrhea）和死亡（death）。其實有兩位研究人員寫信給一家英國醫學雜誌，提出

糙皮症的可怕症狀或許是布蘭姆·史托克（Bram Stoker）作品《德古拉》（*Dracula*）裡歐洲吸血鬼傳說的根源——皮膚蒼白，照到陽光就起水泡，失智症造成夜晚失眠，因消化問題而無法吃一般食物，臨死前的模樣令人毛骨悚然。

　　二十世紀前半，有三百萬美國人受糙皮症所苦，十萬人因此喪生。這種疾病至到1930年代，才完全破解。時至今日，玉米已經被視為非常安全的健康食物，不過一定要配合其他食物食用。

大黃 Rhubarb

學名：*Rheum x hybridum*

　　這種亞洲植物的葉片含有高濃度草酸，可能導致虛弱無力、呼吸困難、胃腸綜合症，少數情況下甚至導致昏迷、死亡。1917年，《倫敦時報》報導一名部長在吃下雜交大黃葉做的菜餚之後過世。倒楣的廚師承認，食譜出自報紙上一篇名為〈國家烹飪學校給戰時的建議〉（War Time Tip from the National Training Schools of Cookery）。其實當時的確在打戰，糧食不足，但這樣的食譜卻成為軍人和百姓的另一種威脅。

接骨木 Elderberry

學名：*Sambucus* spp.

　　接骨木的漿果常用於製作果醬、蛋糕和餡餅，但生吃就危險多了。1983年，在加州中部度假的一群人喝下現榨的接骨木果汁後，由直升機緊急送醫。接骨木的植物全株包括未煮過的果實，都可能含有不同濃度的氰化物。誤食的人一般會在嚴重反胃後康復。

腰果 Cashew

學名： *Anacardium occidentale*

雜貨店不賣生腰果，是有原因的。腰果和毒漆藤（poison ivy）、毒櫟樹（poison oak）和毒漆樹（poison sumac）是同一科的植物。腰果樹也會產生同種刺激性的油狀物，漆酚。核果本身完全安全可食用，但採收時如果接觸到外殼的任何部分，就會讓吃到的人長出討厭的疹子。因此，腰果雖然看似生的，其實已經在空曠處蒸到半熟了。1982年，賓州一個小聯盟的球隊把莫三比克進口的袋裝腰果拿來販賣。吃了腰果的人，半數在手臂、下體、腋窩或臀部長出疹子，因為有些袋裝的腰果中含有腰果殼，後果就像把毒漆藤的葉子混到腰果裡一樣。

四季豆 Red Kidney Bean[4]

學名： *Phaseolus vulgaris*

只要不是生的、沒煮透，就完全安全又健康。四季豆所含的有害物質是植物凝血素（phytohaemagglutinin），可能造成嚴重反胃、嘔吐和腹瀉。誤食者通常能快速恢復，但只要四、五粒生豆子就能造成這些極端的症狀。烹煮緩慢的炊具沒把生豆子煮透，是四季豆中毒的常見原因。

馬鈴薯 Potato

學名： *Solanum tuberosum*

馬鈴薯是可怕的茄科的一員，含有的毒素稱為茄鹼（solanine），

---

4 又稱菜豆，豇豆亦別名菜豆，但四季豆與豇豆是不同的豆類植物。

會造成灼熱、腹痛，少數案例甚至會昏迷、死亡。烹煮馬鈴薯能破壞大部分內含的茄鹼，但如果長時間暴露於光線下，皮已經轉綠，可能代表茄鹼的濃度又升高了。

來吉果 Ackee

學名： *Blighia sapida*

　　來吉果在牙買加的料理中扮演了舉足輕重的角色。只有假種皮（種子外包的果肉）安全可食，而且果實的成熟度必須恰到好處，否則就可能有毒。來吉果中毒症（或稱牙買加嘔吐病）如果未接受治療，可能致命。

樹薯 Cassava

學名： *Manihot esculenta*

　　樹薯是拉丁美洲、亞洲和非洲部分地區的重要糧食作物。根部的烹煮方式和馬鈴薯差不多。樹薯根萃取出來的澱粉可以做樹薯布丁和麵包。不過有個問題——樹薯含有一種叫作亞麻苦甙（linamarin）的物質，在體內會轉變成氰化物。細心的處理過程包括浸泡、乾燥或烘烤樹薯根，能消除氰化物，但這道程序並不完美，而且需要數天的時間。乾旱的時候，樹薯根可能產生濃度更高的有毒物質，而飢荒侵襲地區的人可能吃下更多樹薯根，而處理時比較不小心。

　　樹薯的毒能取人性命。即使濃度不高，也可能造成非洲稱為綁腿病（konzo）的臨床現象。症狀包括：虛弱無力、顫抖、動作失去協調性、視力障礙、輕微麻痺。

麥角菌 Ergot

學名：*Claviceps purpura*
科名：麥角菌科（Clavicipitaceae）
生育環境：好生於裸麥、小麥和大麥等穀料作物上
原生地：歐洲
俗名：ergot of rye（裸麥麥角菌）、St. Anthony's fire（聖安東尼之火）

　　1691年冬，麻薩諸塞洲賽林鎮有八個女孩遭人懷疑被惡附身、施行巫術，至於她們為什麼有怪異的行為，歷史學家百思不解。她們一個接著一個開始痙攣，沒頭沒腦地喋喋不休，抱怨皮膚上有蟲爬的感覺。醫生找不出她們有什麼問題，當時醫學上最好的解釋是，女巫對那些女孩施了巫術。

　　近三百年之後，一位研究人員有了不同的想法。他認為感染裸麥、汙染麵包的麥角菌這種有毒真菌，能解釋那些女孩怪異的行為。

　　麥角菌是寄生性黴菌，附著在開花的裸麥或小麥等穀類植物。適於生長在潮濕環境，並具有特別的能力，能模仿受感染的穀粒。麥角菌會在寄主植物上形成堅硬的粒狀物，稱為菌核，並能孕育休眠孢子，等環境適宜再釋出。收穫一批裸麥或小麥作

物時，可能同時得到數百萬個麥角菌孢子，而這些穀粒做成的麵包，內含的菌類則可能足以影響任何吃麵包的人——包括一段特別潮濕的冬天住在賽林鎮的年輕女孩。

麥角菌中的生物鹼會使血管收縮，造成抽搐、反胃、子宮收縮，最後導致壞疽和死亡。早在亞伯特·霍夫曼（Albert Hofmann）從麥角中萃取麥角酸做LSD迷幻藥之前，麥角菌中毒者就經歷過糟糕的LSD吸食經驗了。歇斯底里、幻覺、皮膚搔癢都是麥角菌中毒的跡象。

早在中世紀，就有文獻顯示偶爾會有全村的人染上神祕疾病。村民會在街上起舞、痙攣，最後癱倒。這種「舞蹈狂」的症狀有時稱為聖安東尼之火，這名字可能源自麥角症患者身上可怕的灼熱感，和最後壞疽生水泡而剝落的皮膚。據信那段時間裡，麥角症害死了逾五萬人。連牲畜也不能倖免於難；牛隻被餵食受到感染的穀粒後，會失去蹄子、尾巴，甚至耳朵，最後死亡。

賽林鎮女巫審判開始時，歐洲才剛發現這些怪異行為和麥角菌感染之間的關係，這項進展的消息不太可能立刻傳到殖民地。最後

有十九人背負著對女孩下咒的罪名，上了絞架。當然他們一直都聲稱自己是清白的。

要是有人想到盤問鎮裡的麵包師傅就好了。從天氣記錄、收穫報告、女孩的症狀和歇斯底里突然發作又突然平息的情況來看，整個事件很可能起因於不尋常的潮濕冬季造成的麥角菌大爆發。

麥角菌中毒在今日很少見，但二十世紀確實還發生了幾次。目前還沒有抗麥角菌的裸麥品系，不過裸麥農現在會用鹽水漂洗作物，以殺死菌類了。

> 這種「舞蹈狂」的症狀有時稱為聖安東尼之火，這名字可能源自麥角症患者身上可怕的灼熱感，和最後壞疽生水泡而剝落的皮膚。

誰是它親戚

麥角菌屬有逾五十種菌，各有適於寄生的一種草類或穀物。

致命菌類

　　2001年，一群醫學研究人員重新檢視一起古代的謀殺案。在位期間為西元前54至41年的羅馬皇帝克勞狄（Claudius）和他的第四任妻子阿格莉琵娜（Agrippina）大吵數個月之後，神祕死亡。以現代眼光回顧他的症狀，發現他是蕈菌鹼（muscarine）中毒，這種毒可見於數種致命的蕈類。是誰餵他最後這一餐的？會議裡一位專家認為，「克勞狄死於 de una uxore nimia，就是老婆太多症候群」。

　　另一件惡名昭彰的蕈菇中毒事件發生於1918年的巴黎。亨利・傑哈德（Henri Girard）是位保險經紀人，受過一點化學訓練。沒想到，兩種能力的結合對連環殺手居然有用得很——他從受害者那兒得到保險單，之後便用他從毒藥批發商或自己實驗室得到的毒藥，害死他們。他通常選用的毒是傷寒桿菌，但他為最後一位受害者蒙寧夫人（Madame Monin）準備了一道毒蕈菇菜餚。她離開他房子之後，便倒在人行道上。當局最後抓到他，但他在受審之前就過世了。

蕈菇不是真正的植物，而是菌類，不過由於奪走不少生命，因此不可不提。1909年，《倫敦環球報》的報導指出，每年歐洲死於蕈菇中毒的人高達一萬人。沒有可靠的資料來源能確認目前全球死於蕈菇的人數，但美國的毒物控制中心一年接獲逾七千通這類的電話。2005年因蕈菇中毒而死的，據毒物控制中心報告有六人。偶發的爆發可能害死更多人。例如1996年，烏克蘭森林裡的蕈菇不尋常地盛產，便有逾百人因此而死。

有些種類的菌類比較毒，不過最危險的品種是作用於肝或腎，造成無法回復的傷害，甚至致死。

毒鵝膏 Death Cap

學名：*Amanita phalloides*

這種中型的淡色蕈菇分布於北美和歐洲，全球和蕈菇相關的死亡案例中，估計有九成都和毒鵝膏有關。草菇（paddy straw mushroom，*Volvariella volvacea*）是亞洲的普遍食材，毒鵝膏和草菇的外型相近，但只要大約半朵毒鵝膏，就能殺死一個成人。這種蕈菇對腎和肝會造成永久性的傷害，部分受害者需要肝臟移植，才能渡過難關。

毒鵝膏有個近親是白鵝膏（death angel mushroom，學名為鱗柄鵝膏〔*Amanita verna*〕或春生鵝膏〔*A. Virosa*〕），據信是世上最毒的蕈菇。中毒症狀在數小時後才會顯現，可能延誤治療，造成悲慘的後果。

絲膜菌 Cortinarius

學名：*Cortinarius* spp.

這種褐色的小型蕈菇和香菇或其他可食的種類很像，卻含有劇毒。中毒症狀可能數天後才顯現，醫生因此更難判斷、治療。絲膜菌可能造成抽搐、劇痛和腎臟衰竭。

鹿花菌 False Morel

學名：*Gyromitra esculenta*

這種蕈菇分布遍及北美，貌似美味珍貴而可食用的羊肚蕈（Morel Mushroom，*Morchella esculenta*）。鹿花菌的中毒症狀和大部分的蕈菇中毒一樣，包含噁心、頭暈，最後導致昏迷，常因腎臟或肝臟衰竭而死亡。

毒蠅傘 Fly Mushroom

學名：*Amanita muscaria*

蕈傘橘紅，帶著白斑，是世界上最廣為人知的蕈菇之一，常出現於童話故事的插畫裡。《愛麗絲夢遊仙境》裡抽水煙筒的毛蟲，可能就坐在這樣的蕈菇上。愛麗絲咬一小口蕈菇之後出現的症狀，其實近似於這種菇類中毒的第一個徵兆。其他症狀有頭暈、譫妄、狂喜，之後有時會沉睡或昏迷。

神奇蘑菇 Magic Mushroom

學名：*Psilocybe* spp.

　　裸蓋菇素（psylocybin）和脫磷裸蓋菇素（psilocin）會引起幻覺，是在數種蕈菇中可見的成分，不過主要見於裸蓋菇屬。這兩種化合物被美國緝毒署列為一級管制藥物（定義為無醫療用途）；不過緝毒署的管制清單上並沒有列出特定的蕈菇種類。

　　裸蓋菇服用的方式，通常是食用或做成茶，除了幻覺之外，其他可能的症狀包括：噁心、嘔吐、虛弱無力與嗜睡。大量服用可能導致恐慌、精神障礙。裸蓋菇在美國南部、西部野生生長，分布範圍由墨西哥直到加拿大。有些種類也出現在歐洲。裸蓋菇很容易和外觀近似的劇毒蕈菇混淆，曾有誤食致死的案例。

墨汁鬼傘 Inky Cap

學名：*Coprinus atramentarius*

　　這種有鐘型帽子的白色小蕈菇，以成熟時會黑得像墨水而聞名。墨汁鬼傘的毒性非常巧詐——食用時喝了酒，才會造成傷害。受害者在數小時內可能經驗盜汗、噁心、頭暈、呼吸困難的症狀。大多人可以復原，但中毒者至少一週間必須滴酒不沾。有些人完全不會體驗到有害的症狀，墨汁鬼傘因此成為危險又難以預料的蕈菇。

黃燈籠辣椒
Habanero Chili

學名：*Capsicum chinense*

科名：茄科（Solanaceae）

生育環境：熱帶氣候；需要溫暖的環境與頻繁的水分供應

原生地：中南美洲

俗名：印度鬼椒、哈瓦那辣椒（habanero，來自哈瓦那之意）

　　想像一下：有種辣椒辣到在嘴裡丟一顆，就得送醫。一開始是眼淚直流，喉嚨灼熱，然後吞嚥困難。接著雙手和臉部會麻木。特別倒楣的人會出現呼吸窘迫的症狀——都是一顆火燒似的黃燈籠辣椒惹的禍。

　　1900年代早期，化學家韋伯・史高維爾（Wilbur Scoville）發明了一種辣椒辣度的檢測方式。辣椒萃取物溶在水中，由一組很少吃辣椒而較為敏感的人品嘗。辣椒的史高維爾指標，是需要消去辣味的水量，除以萃取的辣椒量。青椒（bell pepper）完全不辣，因此得到的指標是零SHU（即史高維爾辣度單位，Scovill heat units）。正常人敢嚼或吞食的辣椒之中，公認最辣的是「佳辣」辣椒（jalapeno pepper），指標約為五千SHU。

如果要五千單位的水才能稀釋一單位的「加拉番椒」萃取物，那麼要多少水才能讓 黃燈籠辣椒變得無害呢？答案是，依栽培種和生長環境的差異，可能需要十萬到一百萬單位的水。

　　只有數種辣椒角逐世上最辣的頭銜，這些辣椒都是黃燈籠辣椒的品種，一般通稱為哈瓦那辣椒。橙色小型的品種「蘇格蘭帽」（Scotch bonnet）特殊的風味，常用於牙買加菜餚。另一品系「紅色殺手」（Red Savina）1994年成為金氏世界記錄中最辣的辣椒，史高維爾辣度指標超過五十萬SHU。但世上最辣的哈瓦那辣椒或許來自英國的多塞特，這是個並不以辣味料理出名的地方。

　　一位英國的菜農用一種孟加拉辣椒的種子培育出「多塞特辣椒」（Dorset Naga）這個栽培種。他選出最優良的種苗栽培，經過數個成功的世代後，得到辣得幾乎無法用來調味的辣椒。僅能拿辣椒梗輕輕抹過食物，一旦超過這個程度，就是在玩命了。兩名美國研究員用了新的方式測試多塞特辣椒，稱為高壓液相層析法。結果辣度直逼一百萬SHU。相較之下，警察用的辣椒噴霧則高達二百至五百萬SHU。

　　說也奇怪，辣椒裡的有效成分唐辛子（capsaicin）其實不會灼燒，而是刺激神經末梢，使之傳遞灼熱的感覺。唐辛子不溶於水，因此想抓水瓶來滅嘴裡的火，根本徒勞無功。不過唐辛子倒會和奶油、牛奶或乾酪裡的脂肪結合。酒精可做溶劑，因此含酒精的飲料也能發揮作用。

　　然而，什麼也擋不住布萊爾的一千六百萬度珍藏（Blair's 16 Million Reserve）。這種所謂醫療等級的辣醬是用純唐辛子萃取物

製成，一毫升就要價一百九十九美元，附帶的警告寫著：本辣醬只能「用於實驗或展示」，絕不能用來調味。

辣度直逼一百萬SHU。相較之下，警察用的辣椒噴霧則高達二百至五百萬SHU。

誰是它親戚

辣椒也屬於惡名昭彰的茄科，茄科植物包括番茄、馬鈴薯、茄子，和菸草、曼陀羅、天仙子等都是邪惡之徒。

天仙子 Henbane

學名：*Hyoscyamus niger*
科名：茄科（Solanaceae）
生育環境：廣泛分布於溫帶氣候
原生地：歐洲地中海區域、北非
俗名：hog's bean（豬豆）、fetid nightshade（臭茄）、stinking Roger（臭屁草）。「henbane」原意為「母雞殺手」。

　　根據傳說，名為天仙子的這種特別邪惡的植物是女巫飛天魔藥的主要成分。用天仙子、顛茄、毒參茄和其他幾種致命植物製成的膏藥抹在皮膚上，會讓人覺得自己在飛翔。這種混合劑被稱作惡魔的配方，其來有自。土耳其的兒童有種遊戲是去吃某些植物的各種部位。醫學研究發現，玩那種遊戲的兒童中，有四分之一在吃了天仙子之後嚴重中毒。五人陷入昏迷，二人死亡。

　　天仙子是一年生或二年生的雜草，最高只達一至二呎，開黃花，花上有所謂「紫紅色的紋脈」。卵形的種子呈暗黃色，和植株其他部分相比，毒性毫不遜色。

　　天仙子中的生物鹼雖然和它的近親曼陀羅和顛茄相似，卻以帶惡臭而聞名。羅馬學者老普林尼（Pliny the Elder）寫道，天仙子的各種品系會「折磨頭腦，讓人失去平時的智慧；還會讓頭

腦發暈」。其實北英格蘭的安尼克有毒植物園（Alnwick Poison Garden）員工曾經報告，熱天時有兩名遊客在天仙子附近昏倒。元兇是高溫還是植物的催眠效果呢？誰也無法確定，不過他們後來警告遊客，最好離這種植物遠一點。

中世紀時代，曾在啤酒中加入天仙子，讓人更容易醉茫茫。為了不讓啤酒中出現天仙子和其他可疑的成分，1516年，德國的巴伐利亞啤酒純粹法（Bavarian Purity Law），規定啤酒只能以啤酒花、大麥和水釀造（酵母的功效為世人所了解之後，也獲准添加）。

羅馬時代開始，天仙子就被用作風險很大的麻醉藥，直到十九世紀採用乙醚和氯仿，才不再使用天仙子。傳統的方法是將「催眠用海綿」浸入天仙子、鴉片和毒參茄的混合液中，經過乾燥、儲存，再以熱水沾濕，讓某個倒楣的手術對象吸入。運氣好的話，病人會模模糊糊睡著，醒來時不記得手術的過程。然而這種藥劑的品質很不穩定。用量過少，病人什麼都能感覺到；用量過多，則又可能再也不會有任何感覺了。

誰是它親戚

其他天仙子屬（*Hyoscyamus*）的植物，如白花天仙子（white henbane，又稱俄國天仙子〔Russian henbane，*Hyoscyamus albus*〕），或無芒天仙子（Egyptian henbane，*H. muticus*），毒性也不遑多讓。

惡魔的酒保

　　植物界配備令人醺醉的成分琳琅滿目。收藏完整的酒吧，主要必需品來自常見的作物，如葡萄、馬鈴薯、玉米、大麥和裸麥。但酒精飲料從前包含的成分，比現在有趣多了。馬利亞尼紅酒（Vin Mariani）是一種古柯葉和紅酒釀成的濃烈飲料，在十九世紀很受歡迎。鴉片酊是酒精和鴉片製成的藥，醫生一直到二十世紀初都還在開立鴉片酊的處方，也有人將鴉片酊加入白蘭地，做成令人上癮的雞尾酒（喬治四世〔George IV〕很喜歡）。古希臘人記載，有種名為奇奇翁（kykeon）的大麥發酵飲料，會引發精神疾病。學者懷疑這種酒是用麥角菌感染的裸麥做的，因此類似LSD的古老先驅。

　　現代的酒吧後檯，還躲著一些邪惡的植物：

苦艾酒 Absinthe

　　苦艾酒的滋味（和臭名）來自苦艾（wormwood，*Artemisia absinthium*）。苦艾是多年生銀色的低矮草本植物，帶著一股苦澀、

辛辣的香氣。苦艾酒利用苦艾和其他多種香草調味，這種淡綠的烈酒源自十九世紀，據信會讓人產生幻覺、發瘋。「綠仙子」成了巴黎波西米亞咖啡館生活的必需品。名作家奧斯卡‧王爾德（Oscar Wilde）、畫家梵谷（Vincent van Gogh）和亨利‧土魯斯–羅德列克（Henri de Toulouse-Lautrec）都以豪飲苦艾酒聞名。二十世紀初，全歐洲和美國的禁酒運動中，也禁了苦艾酒。

苦艾酒為什麼那麼邪惡？苦艾中的一種有效成分側柏酮（thujone）在高濃度時，可能導致抽搐、死亡。不過近期的質譜儀分析，發現苦艾中的側柏酮含量微不足道，而苦艾酒的毒性，只能歸咎於它的標準酒精度高達一百三十[5]，幾乎是琴酒或伏特加的兩倍。

苦艾酒目前在歐盟已經合法，但側柏酮的含量必須低於特定標準。美國嚴格禁止任何含有側柏酮的產品，但無側柏酮的新型苦艾酒不在此例。

　　　　苦艾酒利用苦艾和其他多種香草調味，
　　　　這種淡綠的烈酒源自十九世紀，據信會
　　　　讓人產生幻覺、發瘋。

梅茲卡酒 Mezcal
龍舌蘭酒 Tequila

原料來自龍舌蘭的花，龍舌蘭帶有尖銳的刺和刺激性很高的

---

5 相當於酒精濃度六十五％。

乳汁，非常令人討厭，因此惡魔島（Alcatraz）的獄卒將龍舌蘭種在四周，嚇阻想越獄的犯人。龍舌蘭酒的名字來自於其中加的藍色龍舌蘭（blue agave，*Agave tequilana*），但美國人可能比較熟悉龍舌蘭（*A. americana*）這種世紀植物。這些植物雖然長了刺人的刺，偏好乾燥、沙漠氣候，其實並不是仙人掌。它們屬於龍舌蘭科（Agavaceae），近親有玉簪屬植物（hosta）、王蘭（yucca）、常見的室內盆栽吊蘭（又稱蜘蛛草〔spider plant〕，*Chlorophytum comosum*）。梅茲卡酒裡的蟲，是以龍舌蘭為食的蛾或甲蟲的幼蟲。

野牛草伏特加 Zubrowka

這種傳統的波蘭伏特加，添加了茅香（即野牛草〔bison grass〕，*Hierochloe odorata*）的葉片調味。野牛草又稱甜草（sweet grass）或神聖草（holy grass），原生於歐洲、北美洲，美國原住民用來編製器具、焚香、做藥。茅香含有天然的血液稀釋劑——香豆素，在美國並不是合法的食品添加物，因此1978年後，野牛草伏特加就禁用了。現代科技讓伏特加蒸餾後不含任何香豆素，因此可以進口美國，而且茅香微弱的香草或椰子香氣仍在。在波蘭，未稀釋的野牛草伏特加常混合蘋果汁，做成香甜的冷飲。

五月酒 May Wine

這種熱門的德國飲料是將地被植物香豬殃殃浸在白酒中，得到甜美的草味。吃下大量的香豬殃殃，可能造成頭暈、麻痺，甚至導致昏迷或死亡；自製五月酒的配方上，建議在春天植株開花

前摘採嫩葉，少量使用。香豬殃殃在美國不被視為安全的食品添加物，僅能加入酒精飲料。

艾克香甜酒 Agwa de Bolivia

這種新酒加入了古柯葉（*Erythroxylum coca*），帶了清新的藥草味。不過這種飲料不含古柯鹼，古柯鹼已在製造過程中去除了，據信可口可樂這種無酒精飲料也是一樣。艾克香甜酒還含有其他植物性刺激物，包括人參（ginseng，*Panax* spp.）和瓜拉那（guarana fruit，*Paullinia cupana*）的萃取物。

大麻伏特加 Cannabis Vodka

捷克共和國製的伏特加，添加了大麻籽。瓶底浮著幾粒大麻（*Cannabis sativa*）的種子，但製造商向消費者保證，瓶裡除了酒精，沒有其他讓人興奮的成分──而且嘗起來和水煙管裡的水完全不同。

義大利茴香酒 Sambuca

這種茴香調味的義大利酒是以接骨木漿果（elderberry，*Sambucus* spp.）釀造而成，此類漿果生的時候含有氰化物。不過飲用的人除了茴香酒本身造成的宿醉之外，完全不用擔心。

可樂通寧水 Cola Tonic

不含酒精的調酒用飲料，成分含有可樂樹（African kola nut，

Cola spp.），是可口可樂配方中另一個原先含有的成分。可樂樹裡含有咖啡因，西非國家的人把可樂樹當輕微興奮劑嚼食。可樂樹也含有會造成流產的成分，一個研究發現，可樂樹的萃取物可能造成類似瘧疾的症狀，包括虛弱無力與頭暈。美國食品藥物管理局將可樂樹列為安全的食品添加物，但可樂通寧水在美國很少人販售。

通寧水 Tonic Water

通寧水的苦味來自奎寧，也就是南美金雞納樹（cinchona tree，*Cinchona* spp.）樹皮的萃取成分。奎寧是拯救世界不受瘧疾危害的藥物，通寧水含有奎寧，因此產生了經典的夏日飲料，琴通寧（gin and tonic）（此飲料成為英國殖民地居民服用微量藥物的方便法門）。今日的通寧水中依然含有奎寧，不過濃度較低。其實通寧水中的奎寧成分，正是它在紫外燈下發出螢光的原因。一些廠牌的苦艾酒和淡色麥芽酒也含有奎寧。奎寧在低劑量時完全安全，過量則會導致奎寧中毒，或稱金雞納中毒，中毒症狀為頭暈、胃部不適、耳鳴、視力減退、心臟病症狀。奎寧攝取過量很危險，因此食品藥物管理局警告，不應在核准標示外使用瘧疾藥物治療腿抽筋等問題。一般建議軍中飛行員飛行前七十二小時內，不應飲用通寧水，每天飲用的通寧水也不應超過三十六盎司。

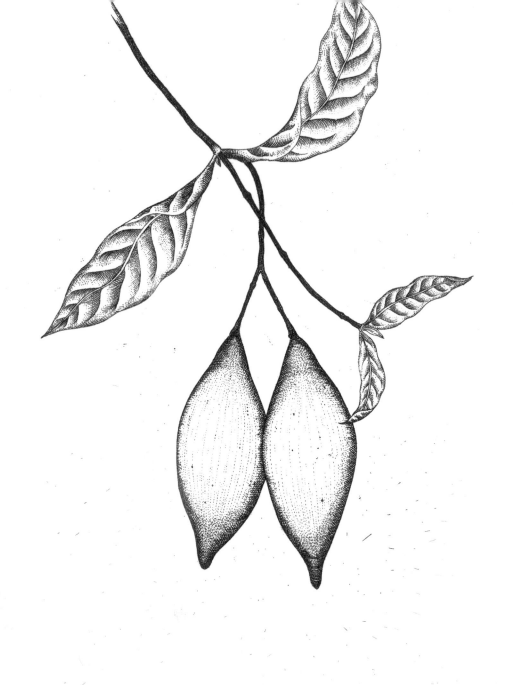

伊沃加木 Iboga

學名：*Tabernanthe iboga*
科名：夾竹桃科（Apocynaceae）
生育環境：熱帶森林
原生地：西非
俗名：black bugbane（黑升麻）、leaf of God（神之葉）

　　伊沃加木是開花灌木，原生地是非洲西岸的中部地區，在熱帶森林的地被層可長到六呎左右。粉紅、黃色或白色的花朵簇生，之後是長形的橙色果實，外觀近似黃燈籠辣椒。植株含有強烈的生物鹼伊沃加因（ibogaine），主要集中於根部，可製成一種爭議性的藥物，有人相信這種藥能治療海洛因成癮症。

　　西非布維提教（Bwiti）成員會用伊沃加木當作儀式中的聖餐。伊沃加木帶來的幻覺，據信能讓他們的成員和祖先溝通，進行入教儀式，治療身體或情緒問題。布維提教的儀式吸引了西方記者；其中布魯斯・派瑞（Bruce Parry）這位探險家，為英國廣播公司的《迷失部落》（*Tribe*）系列節目，將自己的經驗拍成了紀錄片。此儀式也引起教外人士想去非洲叢林旅行、參與儀式，在這些人推波助瀾之下，伊沃加木也引發了藥物觀光；而儀式的過程通常包括漫漫長夜中的幻覺和嘔吐。

1962年，十九歲的美國人霍華·拉索夫（Howard Lotsof）取得這種藥，決定試試。他期待的或許是愉快的用藥經驗，卻發現伊沃加木讓他不想再碰海洛因，而海洛因向來是他最愛的毒品。他邀了幾個朋友來嘗試，有些人也得到類似的結果。二十年後，他對這種植物能治療另一種邪惡植物（罌粟）上癮症的能力，依然很有興趣，於是取得含伊沃加因藥物的專利，並成立朵拉威納基金會（Dora Weiner Foundation），支持藥物成癮的替代療法研究。由吸毒者的報告，確認伊沃加因療法或多或少都有功效。有些人相信，這種療法能「重置」他們的腦部化學物質，讓他們不再渴望毒品，用藥時的幻覺則讓他們發掘自己濫用藥物的潛在原因。然而，伊沃加因依然是一級管制藥品，而美國食品藥物管理局並未核准伊沃加因的醫療用途。

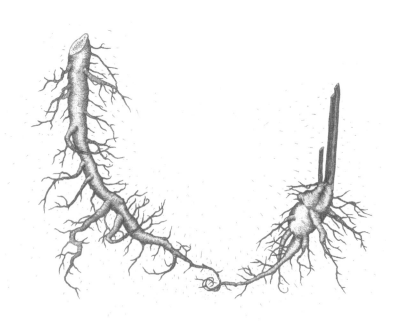

全球據報已有數起與伊沃加因有關的死亡案例，包括2006年「富家子弟」（Rich Kids）樂團主唱，龐克搖滾歌手傑森‧西爾斯（Jason Sears）之死。他原先吸食LSD，為了治療他的上癮症，而在墨西哥提華納（Tijuana）的戒毒中心服用了伊沃加因。

> 布維提教的儀式也引發了藥物觀光——
> 教外人士到非洲叢林旅行、參與儀
> 式，而儀式的過程通常包括漫漫長夜中
> 的幻覺和嘔吐。

誰是它親戚

伊沃加木和香氣襲人的熱帶灌木緬梔（plumeria）與其他數種有毒植物同科。洋夾竹桃、箭毒植物尖藥木（*Acokanthera*）和白花海芒果都是伊沃加木的親戚。

曼陀羅 Jimson Weed

學名：*Datura stramonium*
科名：茄科（Solanaceae）
生育環境：溫帶及熱帶氣候
原生地：中美洲
俗名：devil's trumpet（惡魔喇叭）、thorn apple（刺蘋果）、Jamestown weed（詹姆斯鎮草）、moonflower（月之花）

　　1607年到達維吉尼亞州詹姆斯鎮島（Jamestown Island）的拓荒者，或許認為他們找到一個完美的位置可以當前哨站。視線良好，便於警戒西班牙征服者的來襲，而且有很深的峽灣讓船隻航行，最棒的是島上沒有原住民。不久之後，不幸的拓荒者就會明白為什麼如此了。

　　原來，島上不只蚊蟲眾多、飲水骯髒帶鹽味，沒有獵物或任何可靠的食物來源，還遍布著誘人的漂亮野草。有些人犯了滔天大錯，把曼陀羅這種野草當成食物。他們的死狀令人毛骨悚然，死前可能產生幻覺、痙攣、呼吸衰竭，讓倖存者或他們的兒女難以忘懷。約莫七十年後，英國士兵登島鎮壓新殖民地的第一波叛亂，移民記起這種有毒植物，便把它偷加到士兵的食物中。

　　英國士兵沒死，卻發了十一天的瘋，暫時讓殖民地居民占了

上風。早期歷史學家記載，「一個把一根羽毛吹向天，另一個生氣地拿麥稈丟向羽毛；還有一個光溜溜地像猴子一樣坐在角落，露齒笑著，朝他們扮鬼臉；最後一個會親暱地推打親吻同袍」。

只靠曼陀羅沒辦法推翻英國統治，不過它的重要性贏得了「詹姆斯鎮草」這個俗名，經過數世紀後，名稱演變成「吉姆森草」（Jimson weed）。曼陀羅的分布遍及北美，在西南部十分常見，可長至二至三呎高，喇叭形的迷人花朵長達六吋，呈白色或紫色，夜晚閉合。曼陀羅的果實淡綠，大小近似小型的蛋，表面覆滿刺，秋天會釋出一大把含劇毒的種子。

曼陀羅毒性造成的影響和顛茄類似。植物全株都含有莨菪鹼（tropane alkaloid），會導致幻覺與抽搐，不過這些生物鹼的濃度在種子中特別高。莨菪鹼的含量隨時間和植物部位而大幅變動，因此用曼陀羅實驗很危險。一個業餘使用者寫道，「這一程最恐怖之處，是我不再能自動呼吸，得用橫膈膜讓自己呼吸。這樣的

狀況持續了整個晚上」。

　　加拿大的一名女子想用曼陀羅種子調味，因此把它們加到漢堡肉餅裡（果莢則放在爐子上烘乾，準備隔年栽種）。她昏迷二十四小時之後，才清醒到能告訴醫生她幹了什麼好事。結果她和她丈夫在醫院待了三天。

　　一些青少年（和行為跟青少年一樣的成人）想找便宜的興奮劑時，便會用曼陀羅葉做茶，但喝這種茶就犯了致命的大錯。喝下後會漸漸產生令人不安的嚇人幻覺，並維持數日。其他常見的副作用包括會殺死腦細胞的高燒，和自律神經系統障礙。自律神經系統的作用包含調節心跳與呼吸，發生障礙時可能導致昏迷、死亡。

只靠曼陀羅沒辦法推翻英國統治，不
過它的重要性贏得了「詹姆斯鎮草」
這個俗名。

誰是它親戚

　　茄科所有曼陀羅屬的植物都有毒。毛曼陀羅這種月之花的花朵是誇張的藍紫色，常見於美國西南部。近親曼陀羅木（brugmansia）是常見的園藝植物。

犯罪植物家族

你不覺得犯罪傾向似乎會在家族中遺傳嗎？有幾個植物家族的害群之馬不是普通得多。它們與眾不同的特徵（刺人的絨毛、乳汁或齒狀的葉緣）也洩漏了它們的身分。

茄科 Nightshade Family，Solanaceae

茄科植物中，有人類遇過最好與最壞的植物。馬鈴薯、胡椒、茄子、番茄都是這家族中比較可敬的成員。但歐洲移民最初

在新世界遇到番茄的時候，覺得番茄和他們所知的其他茄科植物一樣毒。畢竟它的表親顛茄和其他危險兇惡的親戚，如具麻醉效果的毒參茄、邪惡之草莨菪草和有毒又有興奮效果的天仙子、顛茄和曼陀羅，和番茄都有家族的共通特徵。

茄科植物向來被投以懷疑、不信任的目光。十七世紀哲學家約翰・史密斯（John Smith）將「罪惡與惡行散發的凝結性蒸氣」和「有毒茄科植物的邪惡力量（會將冷酷的毒傳入人的認知之中）」相比較。其實，許多茄科植物都含有莨菪鹼，會導致幻覺、抽搐、致死的昏迷。

矮牽牛花也屬於茄科；說實在的，知道矮牽牛長什麼樣子，可能有助於辨識本科部分的植物。否則，果實又小又圓的陌生植物如果一般生長習慣和番茄或茄子類似，就該謹慎看待。

漆樹科 Cashew Family，Anacardiaceae

漆樹科的樹木和灌木通常會結核果，種子包覆在堅硬的果核內，果核外又包了一層甜美多汁的果肉（例如芒果；類似無親戚關係的桃子、櫻桃的核果）。但漆樹科植物最擅長的，就是產生有毒的樹脂，會引發痛苦難消的疹子。此外，別把漆樹科的成員拿來燒，它們燃燒時會產生有毒煙霧，灼傷肺部。

毒漆藤、毒櫟樹與毒漆樹或許是這個家族裡最令人畏懼的成員。芒果、腰果樹和漆樹都會產生導致過敏的樹脂，漆酚（urishol）。其實對毒漆藤或其近親嚴重過敏的人，對芒果皮或漆器也可能有交叉過敏反應。其他親戚 包括開心果樹（pistachio

tree）、銀杏（ginkgo tree）、毒木（poison wood tree）和胡椒樹
（pepper tree）。

蕁麻科 Nettle Family，Urticaceae

　　這種通常似乎無害的小型植物，最著名的是它們獨特的解剖
學特徵——螫毛。這種微細毛看似像桃子上的絨毛一樣無害，卻含
有微量的毒性物質，螫毛刺入皮膚時便會釋放。疼痛搔癢的麻疹
在醫學上叫「蕁麻疹」（urticaria），這名字就是取自蕁麻刺到後
皮膚發炎的反應。

　　蕁麻大都是低矮的植物，齒狀葉緣，外觀很像薄荷或羅勒這
些香草植物。一般認為澳洲的刺人樹（Australian stinging tree）是
世上最折磨人的植物，它也是蕁麻科的一員。不過蕁麻科最著名
的成員，其實是異株蕁麻（stinging nettle，*Urtica dioica*）。異株蕁
麻上的螫毛非常細小，不熟悉這種植物的人甚至不會發現。除了
螫毛，蕁麻的特徵還有葉腋處長出的簇生小花。不過，要避開蕁
麻科的植物，最好的方法就是忍住誘惑，不要摸不熟悉的毛茸茸
葉片。

大戟科 Spurge Family，Euphorbiaceae

　　大戟科植物的特徵，是大多數植物都有刺激性的白色乳汁。
園藝人員或許能辨識地中海式花園常用的大戟科植物，但還有
相似處不明顯的其他成員，如聖誕紅、綠珊瑚、德州公牛蕁麻
（Texas bull nettle）、蓖麻、橡膠樹、沙盒樹（sandbox tree）、壞

女人草、土沉香和馬瘋木（manchineel）都是大戟科植物，其中大部分會讓皮膚灼傷、留下疤痕，但有些（如蓖麻）也含有強烈毒性，誤食可能致命。白色乳汁可能灼傷皮膚和眼睛，因此面對有白色乳汁的植物，都應該小心以對。由彩色的苞片可以辨識出一些大戟科的植物，例如大戟屬植物和聖誕紅的花。

繖形花科 Carrot or Parsley Family，Apiaceae

　　這個家族在健康美麗的成員之中，藏了一些惡名昭彰的罪犯。胡蘿蔔、蒔蘿、茴香、洋香菜、大茴香、歐當歸、細葉香芹、歐洲防風、藏茴香、胡荽、圓當歸、芹菜都是好廚師少不了的植物，不過即使是這些植物，使用上也要小心：芹菜、蒔蘿、洋香菜和歐洲防風等許多植物都具有光毒性，因此皮膚接觸後曬到太陽，可能引發紅疹。有種園藝花卉雪珠花（bishop's weed，*Ammi majus*）的光毒性非常強，皮膚觸碰種子就可能永久變黑。

　　不過真正危險的是毒芹（water hemlock）、毒參（poison hemlock）、大獨活（giant hogweed）和峨參（cow parsnip）。這些野生植物含有神經毒和皮膚刺激物，和它們可以吃的親戚卻非常相似，因此登山客和廚師都曾犯下悲慘的錯誤。

　　繖形花科的植物很容易辨識。野胡蘿蔔（又名安妮女王蕾絲〔Queen Anne's lace〕）正是典型的例子；它像這家族大部分的成員一樣，細緻的葉片有鋸齒狀葉緣，繖形花序，花朵簇生，頂部齊高，根形和胡蘿蔔相似。

阿拉伯茶 Khat

學名：*Catha edulis*
科名：衛矛科（Celastraceae）
生育環境：海拔三千呎以上的熱帶地區
原生地：非洲
俗名：qat、kat、chat（卡特）、Abyssinian tea（阿比西尼亞茶）、miraa（米拉）、jaad（賈德）

　　1993年的索馬利亞首都摩加迪休（Mogadishu）之役中，兩架美國的黑鷹直升機被擊落，而阿拉伯茶在這一戰中扮演了渺小卻關鍵的角色。持槍的索馬利亞人嘴裡塞著阿拉伯茶的葉子，以一股發神經的精力在摩加迪休衝來衝去，直到深夜，讓受困在墜機地點的美國士兵飽受摧殘，死傷慘重。

　　《黑鷹計畫》（*Black Hawk Down*）的作者馬克・鮑登（Mark Bowden）為他的書做研究時，發現進入索馬利亞的有趣門路：搭乘運送阿拉伯茶的飛機。阿拉伯茶的葉子必須趁新鮮服用，因此鮑登得替為他騰出位置的阿拉伯茶出錢。他在一次訪問時說：「他們卸掉兩百磅的阿拉伯茶，讓我坐上飛機。而我替自己付錢，好像我是準備運進索馬利亞的阿拉伯茶。」

　　阿拉伯茶的葉子能帶給人頭腦清醒的陶醉感，效果持續數小

時之久。葉門和索馬利亞地區，有高達四分之三的成年男性使用這種藥物，把幾片葉子塞進臉頰和牙齦之間，很像古柯葉在拉丁美洲的使用方法。像古柯一樣，阿拉伯茶也挑起了爭端，一方聲稱嚼食阿拉伯茶是已有數世紀歷史的無害文化儀式，另一方認為這會威脅公共衛生。

載運阿拉伯茶的飛機一降落在索馬利亞，便卸下茶葉，在幾小時之內配銷出去。男人會在愉悅的狀態中到處遊蕩，嚼著阿拉伯茶，工作或家事一概不管。長期使用會造成攻擊行為、妄想、偏執和精神障礙。但一般阿拉伯茶使用者不會因為這些警訊而停止服用。有人曾這麼說：「嚼的時候，覺得我的問題都消失了。阿拉伯茶像我的好兄弟，什麼事都能解決。」也有人說：「嚼的時候，會覺得自己像花一樣綻放。」

阿拉伯茶這種開花灌木盛產於衣索匹亞和肯亞，那兒有阿拉伯茶喜好的大量日照和溫暖的溫度。紅色枝條冒出深色油亮的葉片，幼葉葉緣有時也呈紅色。植株在野外可高達逾二十呎，但人工栽培時只有五、六呎高。

阿拉伯茶中最具效力的成分卡西酮（cathinone），在美國被視為和大麻、烏羽玉一樣的地位，列為一級管制麻醉藥。收成後四十八小時，葉片中卡西酮的成分會大幅下降，走私這種毒品因此成了瘋狂的賽跑。卡西酮一旦分解，便剩下「去甲假麻黃」（cathine），這種化合物作用溫和，類似減肥藥麻黃鹼（ephedrine）。因此警方必須迅速將植物體送到藥物檢測中心。若是超過四十八小時，重大的緝毒行動就會變成減肥藥查緝行動了。

西雅圖、溫哥華和紐約，都曾破獲阿拉伯茶毒販在服務索馬利亞移民的雜貨店，私下販賣一捆捆阿拉伯茶的葉子。2006年，索馬利亞的伊斯蘭運動在他們控制的區域宣布禁用阿拉伯茶，並阻止來自肯亞的飛機降落，以遏止人們使用阿拉伯茶。索馬利亞人會不會放棄他們所謂的「人民鴉片」，還有待觀察。

持槍的索馬利亞人在嘴裡塞著阿拉伯茶的葉子，以一股發神經的精力在摩加迪休衝來衝去，直到深夜。

誰是它親戚

阿拉伯茶的親戚有一千三百多種的熱帶、溫帶藤木與灌木，包括有劇毒的南蛇藤（staff vine）和毒性不相上下的帶刺灌木——衛矛（*Euonymus*）。

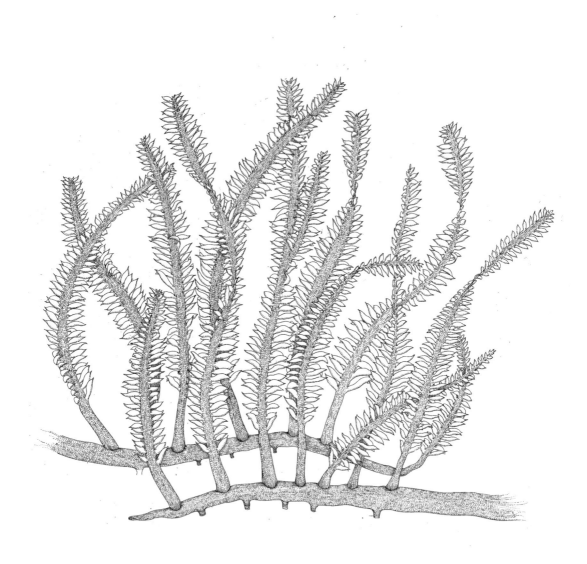

杉葉蕨藻 Killer Algae

學名：*Caulerpa taxifolia*

科名：蕨藻科（Caulerpaceae）

生育環境：常見於地中海海域、美國加州太平洋沿岸、澳洲的熱帶及亞熱帶外海，及全球鹹水水域

原生地：最先發現於法國海岸，原生於加勒比海、東非、印度北部及其他區域

俗名：caulerpa（蕨藻）、Mediterranean clone（地中海無性繁殖系）

　　1980年，德國斯圖加特（Stuttgart）一座動物園的職員，發現他們館裡有種表現醒目的熱帶海藻——杉葉蕨藻。地中海魚類需要的水溫較低，杉葉蕨藻通常無法消受，但這株特別的杉葉蕨藻在冰涼的水族館裡卻茂盛強壯，顏色翠綠。為什麼這株與眾不同？科學家認為，杉葉蕨藻在水族館經常接觸化學物質和紫外光，因此產生基因突變，變得格外強韌。

　　消息傳了出去，不久，幾家水族館的職員也希望展示這種植物。有人將它帶去摩納哥的賈克柯斯托海洋博物館（Jacques Cousteau's Oceanographic Museum），它在那兒又鬼使神差的，溜進了大自然。根據報告，是1984年有位清潔水槽的員工把殘留廢

棄物倒進海裡的結果。

1989年，法國生物學教授亞歷山大‧曼尼茲（Alexandre Meinesz）最先發現，海洋博物館附近的地中海區域長了一片杉葉蕨藻。看到熱帶海藻在寒冷的海水中生氣勃勃，讓他很意外，並警告同事，杉葉蕨藻可能變成入侵性的植物。

長達十年的爭論由此展開。爭論的是杉葉蕨藻的來源究竟是哪裡、是否可能變成入侵種，如果變成入侵種，該由誰負責抵抗杉葉蕨藻的入侵。成立了委員會，撰寫研究報告的同時，杉葉蕨藻擴散到全球的六十八個觀測點，覆蓋了一萬二千英畝的海床。時至今日，杉葉蕨藻茂密的綠地毯遍布全球三萬二千英畝（約五十平方哩）的海洋。

杉葉蕨藻是單細胞生物，因此這樣的盛狀其實非常驚人。植物體全株包括羽狀葉、結實的莖和固定在海床上的強韌假根，其實是單一一個巨型細胞，卻能延伸超過二呎長，每天大約延長半吋。杉葉蕨藻因此成為全世界最大、最危險的單細胞生物。

杉葉蕨藻的英文俗名是「殺手藻」，不過並不會殺人。這個俗名來自於會毒害魚類的毒素——蕨藻素（caulerpenin），能讓海洋生物不敢咬食杉葉蕨藻，因此更能不受抑制地散布全世界。茂盛的綠色藻類在海床上形成十呎深的草坪，讓其他所有的水中生物無法呼吸。魚類族群死亡，水道也因杉葉蕨藻而阻塞。

杉葉蕨藻這個品系都是雄性，推知全世界的入侵族群都是由單一的親族散布出去的，而且只能以增殖的方式生殖——一片藻葉被船底截斷、脫落，然後透過海洋散布。蕨藻素形成膠狀物質，

一小時內就能讓杉葉蕨藻的傷口癒合，該片斷因此可以生長，建立自己的一片海藻坪。

　　杉葉蕨藻在美國列為有毒藻類，因此不能進口，或在州際間以船運運送。入侵種專家小組（Invasive Species Specialist Group）將之列入全球最嚴重的入侵物種。切斷杉葉蕨藻的植物體，只會幫助它生殖，因此清除行動幾乎都告失敗。聖地牙哥有個罕見的成功案例，是將一萬一千平方呎的杉葉蕨藻以防水布蓋住，打入氯氣將之殺死。但當局還不敢宣告勝利；因為只要一塊一毫米的杉葉蕨藻漂在海裡，就能生根，再次蔓延。

杉葉蕨藻全株包括羽狀葉、結實的莖和固定在海床上的強韌假根，其實是單一一個巨型細胞，卻能延伸超過二呎長，每天大約延長半吋。

誰是它親戚

　　可食用的石蓴（sea lettuce，*Ulva lactuca*）和其他小型的綠色海藻，都是兇惡的杉葉蕨藻的親戚。

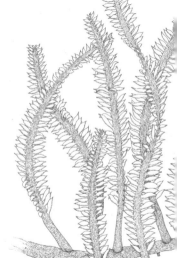

停下來聞聞豬草香

　　有毒種子要嚼一嚼、吞下去，才會死翹翹。
皮膚摩擦到葉片，才會長出痛苦的疹子。不過有
些植物想出辦法，靠著把高度刺激性的過敏原
釋放到空中，延伸了攻擊範圍。

　　季節性過敏一年比一年嚴重，其來有自。雌性植物會落下果
實，在人行道、草地上留下一片混亂；所以園藝家和景觀設計師
為求整齊，偏好雄性的樹木和灌木。雄性樹木只會開小型的乖巧
花朵──前提是所謂的**乖巧**，包括一連幾星期把植物的精子散布
到空中。

　　1950至1960年代，害病的美國榆樹（American elm tree）換成
了多種雄性的風媒花樹木。美國一些城市（尤其是東南部城市）
因此完全不適合嚴重過敏或氣喘的人居住。

　　不過屋主竟然都不願意移除這些樹木。一位過敏專家記得，
有一家人的園子裡有一大棵雄的桑椹。夫妻倆受到誤導，用水管沖洗
桑椹樹，試圖沖掉花粉，結果喉嚨緊縮，整晚都得把自己關在浴室裡
才能呼吸。原來花粉在水裡發了芽，釋放出更多的過敏原。

不妨考慮把下列這些植物趕出院子裡：

豬草 Ragweed

學名：*Ambrosia* spp.

　　這種適應力強的野草遍布歐美，每棵植株一季就能產生十億粒花粉。花粉散布後，數日內都在空中傳播，可以飄至數哩外，影響百分之七十五的過敏患者，並使患者對含有類似蛋白的食物（哈蜜瓜、香蕉、西瓜）交叉過敏。二氧化碳濃度提高時，豬草釋放的花粉會增加，因此全球暖化只會使情況惡化。

羅漢松 Yew Pine

學名：*Podocarpus macrophyllus*

　　灌木或小型樹木，常用於行道樹或景觀的基本植株。羅漢松會產生大量花粉，而且設計郊區景觀時，經常種在窗戶的正下方，使得過敏患者醒來時喉嚨發疼；要是整天臥病在床，只會更嚴重。

胡椒木 Pepper Tree

學名：*Schinus molle* or *S. terebinthefolius*

　　飽受爭議的景觀植物，可能成為入侵物種。漿果具毒性，不可食用。雄株在漫長的開花季中，釋放大量的花粉到空中。胡椒木和毒漆藤與漆屬（toxicodendron）其他植物為近親，因此對那些植物過敏的人，在胡椒木附近也會不舒服。胡椒木產生的一種油

分會揮發到空氣中,只要待在附近,就可能引發氣喘、眼睛發炎和其他反應。

橄欖樹 Olive Tree

學名:*Olea europaea*

橄欖的花粉含有數種不同的過敏原,具有高度刺激性,因此一些城市打算完全移除橄欖樹。亞歷桑那州的土桑市即通過法規,禁止販賣或栽種橄欖樹。

桑椹 Mulberry

學名:*Morus* spp.

桑椹會釋放數十億粒花粉,飄浮在院子裡,或困在室內,是春天過敏最重要的起因之一。

雪松 Himalayan Cedar

學名:*Cedrus deodara*

生長迅速,樹高可達八十呎,周長達四十呎,常見於北美、歐洲冬季溫和地區的花園和公園。小型雄毬果於秋天釋放花粉。許多季節性過敏患者對雪松過敏,雪松因此成為難以親近的樹木。

瓶刷樹 Bottlebrush

學名:*Callistemon* spp.

在北美、歐洲和澳洲廣受歡迎的亮眼灌木。剛毛似的細長紅

色雄蕊由頂端釋放金黃花粉，花粉呈三角形，會卡在鼻竇裡，因此成為特別難纏的過敏原。

刺柏 Juniper

學名：*Juniperus* spp.

常綠植物，是嚴重的過敏原，卻常受忽略。雄株產生毬果和大量的花粉。一些種的柏樹為雌雄同株（monoecious），除了長漿果，還會散布花粉。

狗牙根 Bermuda Grass

學名：*Cynodon dactylon*

美國南部和全球氣候溫暖地區最常用的草坪草種，也是最容易造成過敏的草種。狗牙根時常開花，花朵的高度很低，因此除草機除不到。新品種的狗牙根完全不會產生花粉，較舊的品種則太麻煩，美國西南部的一些城市已禁止栽種。

葛藤 Kudzu

學名：_Pueraria lobata_
科名：豆科（Fabaceae）
生育環境：溫暖、潮濕的氣候
原生地：中國，1700年代引入日本
俗名：mile-a-minute vine（一分一哩藤）、 the vine that ate the South（吞噬南方藤）。「Kudzu」這個字在日文，有「垃圾」、「廢物」、「沒用的殘餘物」之意。

  1937年《華盛頓郵報》的一篇文章高喊「葛藤大救援！」，宣揚著這種外來種藤蔓能抵抗土壤侵蝕。後來，這種植物果真受到美國園藝家和農人支持了近百年的時間。

  1876年於美國費城鎮舉辦的百年博覽會（The Centennial Exposition）是場驚奇的盛宴。約一千萬美國人見識到電話、打字機和日本來的一種神奇植物──葛藤。植物狂熱者喜愛葛藤花朵的葡萄果香，而且葛藤還能迅速爬滿格子架。

  不久，農民發現家畜會吃葛藤，葛藤因此成為有用的草料作物。此外還能抓住泥土，阻止土壤侵蝕。政府為此曾計畫鼓勵民眾利用葛藤，因此給了葛藤需要的所有支持。

  葛藤對美國南方別有企圖，它把那兒當作自己家，在溫暖潮

濕的夏天，每天可以延長一呎。這種藤蔓生來就是競速好手；單一的冠狀莖可以萌發兩打以上的莖，每條蔓藤能延伸達一百呎，一株軸根可能重達四百磅。每片葉片都能扭曲翻轉，以得到最大量的陽光，使葛藤有效利用太陽能，並阻止陽光照射到下方的植物。

葛藤在寒冷氣候中落葉，以地下莖和種子傳播，地下莖和種子在發芽之前可以存活數年。藤蔓會絞勒樹木、悶死草坪、破壞建築、扯下電線。南方人說，他們睡覺時得關上窗戶，以免夜裡有葛藤溜進臥房。

葛藤在美國覆蓋面積達七百萬英畝，估計造成的損失高達上億美元。維吉尼亞州的皮克特堡（Fort Pickett）軍事基地，有二百英畝的訓練場被葛藤占領。就連M1艾布蘭作戰坦克也無法壓抑它們旺盛的生長。

但南方並不就此投降。他們噴灑強效殺草劑、控制焚燒、持續砍除新生植株，以遏止葛藤蔓延。南方人也吃侵蝕他們的藤蔓，藉以反擊；炸葛藤、葛花凍和葛藤莖莎莎醬都讓壞植物派上好用場。

誰是它親戚

葛藤是豆科植物，和黃豆、紫花苜蓿及苜蓿都是親戚。

死亡草坪

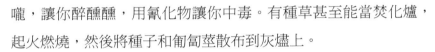

　　誰會知道小草那麼危險？一片壞草長成的草坪可能以鋒利的葉片劃破你的皮膚、用令人瘋狂的花粉緊縮你喉嚨，讓你醉醺醺，用氰化物讓你中毒。有種草甚至能當焚化爐，起火燃燒，然後將種子和匍匐莖散布到灰燼上。

白茅 Cogon Grass

學名：*Imperata cylindrical*

　　黃綠色的長形葉片可長達四呎高，排擠掉路上的所有植物。葉片邊緣嵌有微小的矽結晶，像鋸齒一樣鋒利而帶刻痕。白茅的根可深達三呎，產生帶倒鉤的假根，刺穿其他植物的根，將它們從路徑上趕開，以達成統治世界的邪惡目標。

　　一些植物學家懷疑白茅含有毒性，能殺死競爭者，但其實幾乎用不著毒性；白茅選的武器是火。白茅的植物體極度易燃，會將火災引入草坪，讓火干擾競爭，燒得更熱更旺。（電鋸冒出的一絲火花就足以將奧克拉荷馬州和佛羅里達的八英畝土地化為火

海。）之後，新生的年輕白茅葉會像灰燼中重生的鳳凰一樣，從焦黑的根部殘骸萌發，在淨化的地獄之後更生長茁壯。沒有火的時候，風也行；一株白茅就能將數千粒種子散布到三百呎內。

　　白茅於1940年引入美國，當時美國農業局做出令人費解的決定，栽植白茅以控制土壤侵蝕，並用作牛的牧草——不過白茅的養分含量很低，鋒利的葉緣可能割傷牛隻的嘴唇和舌頭。白茅在美國南部生長繁盛，但向北蔓延的速度緩慢。

李氏禾 Southern Cut Grass

學名： *Leersia hexandra*

　　生長於沼澤地，葉緣銳利，遍布美國東南部。

草原網茅 Prairie Cordrass

學名： *Spartina pectinata*

　　見於北美各地；植株三至七呎高，葉緣為銳利的鋸齒，因此有個響亮的俗名，叫「開腸草」（ripgut）。

銀蘆 Pampas Grass

學名： *Cortaderia selloana*

　　銀蘆是入侵加州沿岸地區的災難。極度易燃，無法摧毀。每株銀蘆可產生數百萬粒種子。羽狀的漂亮翅果常被無知的遊客收集帶走，進一步幫助這些種子散布。

梯牧草 Timothy Grass

學名：*Phleum pratense*

叢狀的多年草本，含有二種引起乾草熱的主要過敏原；遍布北美。

原野早熟禾 Kentucky Bluegrass

學名：*Poa pratensis*

受歡迎的草坪草種，會造成數種最嚴重的郊區過敏症。

詹森草 Johnson Grass

學名：*Sorghum halepense*

入侵種雜草，遍布美國，植株可高達八呎。幼莖裡的氰化物含量高到能毒死一匹馬。仁慈的死亡來得快，通常造成心臟驟停、呼吸衰竭；發作前只會經歷幾小時的焦慮、痙攣、步履跟蹌。

毒麥 Darnel

學名：*Lolium temulentum*

黑麥屬的一年生草本，在世界各地與穀物混生。常受黴菌感染，誤食會產生類似酒醉的症狀。二千年前的羅馬詩人奧維德（Ovid）如此描寫一名農人荒廢的田：「……毒麥、薊草和不純的作物／糾結的草遍布數畝／讓它們強勢的根蔓延整個大陸。」

幼莖裡的氰化物含量高到能毒死一匹馬。

壞女人草 Mala Mujer

學名：*Cnidoscolus angustidens*
科名：大戟科（Euphorbiaceae）
生育環境：乾燥沙漠氣候
原生地：美國亞歷桑那州、墨西哥州
俗名：bad woman（壞女人）、caribe（水虎魚）、spurge（大戟）、nettle（蕁麻）

　　以下聽起來好像恐怖片的情節：一群青少年去墨西哥州沙漠健行，回來時身上長了神祕的疹子。隔天，一個女孩向醫生抱怨手上長了搔癢的紅疹。醫生開了一點抗組織胺，照理講會有效。但疼痛只增不減。幾天後，她下腰部出現了一片發疼的紅紫疹子，有如掌印。

　　女孩最後換了一個醫生，該醫生用類固醇加以治療。發炎的情況改善了，剩下一塊塊褐色色素，隔了兩個月才消退。但疹子的起因是什麼呢？看樣子是「壞女人草」幹的好事。壞女人草生長於沙漠，多年生，具有大戟屬植物的有毒汁液，也有像蕁麻會插入皮下的針狀細毛。受害者可能在健行途中誤入一叢壞女人草，而她男友碰到她後背的時候，手上顯然有壞女人草的殘留物。

　　沒人知道壞女人草的名字怎麼來的，不過或許被壞女人的怒

火刺傷過的人，遇到壞女人草這種植物時，回想起了那種感覺。壞女人草常被視為索諾蘭沙漠（Sonoran Desert）裡最讓人痛苦的植物。壞女人草是多年生灌木，最高二呎，花朵白色小型；葉片帶明顯白斑，整株植物覆蓋細毛。雖然不是真正的蕁麻，表現卻和蕁麻相似；細毛（或毛狀體〔trichome〕）易於穿透皮膚，釋放微量致痛的毒液。一位研究者覺得壞女人草螫的痛太折磨人了，因此稱壞女人草的毛狀體為「核子玻璃匕首」。

根據1971年報紙的一則報導，墨西哥會用壞女人草來治不貞的女人。丈夫會將一把壞女人草煮成茶，給妻子喝，以控制她們的性慾。不過做妻子的對亂來的丈夫卻有更有效的辦法——用曼陀羅的種子做成會導致幻覺甚至致命的茶。

一位研究者覺得壞女人草螫的痛太折磨人了，因此稱壞女人草的毛狀體為「核子玻璃匕首」。

誰是它親戚

*Cnidoscolus*屬的其他成員有時也被誤認為蕁麻：德州公牛蕁麻見於美國南部各地，刺蕁麻（tread-softly，*C. stimulosus*）則生長於美國東南部的乾燥灌木叢林地。這兩種都會造成噁心和胃痙攣及難以忍受的痛楚。

太陽出來了

具有光毒性的植物在光線照射後，其汁液會灼燒皮膚，也就是靠著太陽的威力造成損害。吃下某些植物或果實之後，會更容易曬傷。

大獨活 Giant Hogweed

學名：*Heracleum mantegazzianum*

繖形花科的入侵性雜草，外表像野胡蘿蔔的老哥。這種結實強健的植物可長到十呎以上，會將它們所在的溪流、低草地的棲地上其他植物趕出去。這也是世上光毒性最強的植物。一本植物學教科書上，展示了一圈大獨活的莖放在男人手臂上的情形。一天之內，出現了一圈紅色的傷痕，三天後開始起水泡。外觀像極了汽車點菸器造成的傷口，看了令人不安。

芹菜 Celery

學名：*Apium graveolens*

也是繖形花科的成員。芹菜容易感染菌核病菌（pink rot

fungus，*Sclerotinia sclerotiorum*），而其主要的防禦機制是產生更多光毒性物質，以殺死這種菌類。農場工人和處理芹葉的人曬太陽後，皮膚經常出現曬傷的痕跡，而吃下大量芹菜的人也容易曬傷。一份醫學雜誌引用了一名女病患的案例：病患吃了芹菜根之後進了曬黑機，結果嚴重曬傷。

水泡灌木 Blister Bush

學名：*Peucedanum galbanum*

　　這種名副其實的植物也是繖形花科的一員，葉片和芹菜很像。水泡灌木常見於南非；登上開普敦附近桌山（Table Mountain）的遊客會被警告，要避開這種植物。摩擦過水泡灌木就會有反應，不小心折斷水泡灌木枝條的健行者，可能因為接觸汁液而長出嚴重的疹子。接觸水泡灌木二、三天後才會出疹，如果曬了太陽，後果更嚴重。水泡至少得一個星期才會消，在皮膚上留下的褐色斑點則要幾年才能淡化。

酸橙 Lime

學名：*Citrus aurantifolia* 及其他

　　酸橙和其他柑橘科植物在外皮油胞中含有光毒性物質。據某醫學期刊報導，參加夏令營的一群孩童，雙手和手臂上都出現不知名的疹子。醫生發現出疹子的孩童都上了工藝課，他們用酸橙做香丸，用剪刀剝酸橙皮的時候，在手和手臂上濺的酸橙油足以引發光毒性反應。

橘子醬和添加柑橘類外皮、油分的食物，都可能造成光毒性反應。佛手柑（bergamot）的小果實呈梨形，佛手柑精油是很受歡迎的芳香成分；而所有含柑橘類的香水或乳液，都可能讓人曬傷。

綠冬真馨 Mokihana

學名： *Melicope anisata* syn. *Pelea anisata*

綠冬真馨花是夏威夷考艾島（Kauai）的島花。遊客常會收到這種深綠色類似柑橘的綠冬真馨果實做的花環，果實約葡萄大小。綠冬真馨油的光毒性也很強；幾年前，一名遊客戴了綠冬真馨花環大約二十分鐘，幾小時內，脖子和胸口就長出疼痛帶水泡的疹子，形狀和花環一模一樣。疹子最後自己消退了，但痕跡過了兩個月才消失。

草本配方

一些用於香草茶、芳香乾燥花、乳液或其他調製物的植物也有光毒素，不過症狀可能幾天後才顯現。醫學案例研究發現，聖約翰草、迷迭香、金盞花、芸香科植物、菊花、無花果葉等植物，都會造成光毒性反應。

一名遊客戴了綠冬真馨花環大約二十分鐘，幾小時內，脖子和胸口就長出疼痛帶水泡的疹子，形狀和花環一模一樣。

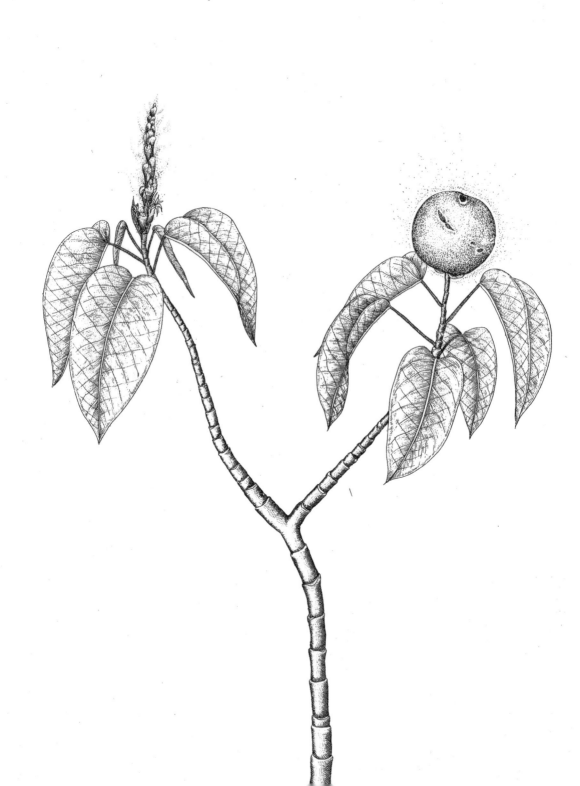

馬瘋木 Manchineel Tree

學名：*Hippomane mancinella*
科名：大戟科（Euphorbiaceae）
生育環境：熱帶島嶼的海灘、佛羅里達州的沼澤地
原生地：加勒比海島嶼
俗名：beach apple（海灘蘋果）、manzanillo（曼薩尼約）

在加勒比海或中美洲海邊度假的遊客，會不停地聽到人們警告說馬瘋木有多危險。馬瘋木是大戟科的一員，樹枝被折斷時，可能噴出刺激性極強的汁液。果實有毒，誤食會使口腔長水泡，喉嚨腫脹緊縮。即使只是窩在樹下，都可能很危險；馬瘋木滴下的雨水會令人長疹子和發癢。

遊客很難抗拒馬瘋木的吸引力。一名造訪托巴哥（Tobago）的放射科醫生雖然受過醫學訓練，卻禁不住誘惑，嘗了她發現掉落在沙灘上的綠色果實。咬下去時，她覺得果實甜美多汁得像李子，不過幾分鐘後，嘴裡就開始感到灼熱。不久，她的喉嚨就緊縮得幾乎無法吞嚥。最方便取得的藥方鳳梨奶霜酒稍有幫助，不過可能只是牛奶成分的功效罷了。

詹姆斯・科克（James Cook）船長在航行途中遇到這種樹，而他和他船員與這毒樹相遇的經驗也很糟。那時他們正需要補給，

而科克下令先收集新鮮飲水、砍下馬瘋木當柴。一些船員犯了大錯，用手揉眼睛，據載因此瞎了兩個星期。他們是否真的燒了馬瘋木，無從查證，不過如果真的燒了，會產生很毒的煙霧。

藝術與傳說向來誇大了馬瘋木的效力。1865年，德國作曲家賈科莫·麥耶貝爾（Giacomo Meyerbeer）將馬瘋木編進了歌劇《非洲女郎》（*L'Africaine*）中。劇中描述海島女王和探險家祕密相戀，心碎之後，投身馬瘋木下，吸入最後一口氣，唱道：

> 他們說，你溫柔的香氣能給人致命的祝福，
> 暫時將人送到天堂，
> 再帶人落入無盡的沉睡。

誰是它親戚

大戟科的部分樹木或灌木，也會產生有毒的汁液。

即使只是窩在樹下，都可能很危險；馬瘋木滴下的雨水會令人長疹子和發癢。

暫時閉上眼睛

　　讓皮膚發疹子或長出刺激性小刺的許多植物，也會造成視力問題，甚至失明。以下是最嚴重的一些範例：

毒漆樹 Poison Sumac

學名：*Toxicodendron vernix*

　　毒漆樹是毒漆藤和毒櫟樹的近親，美國東部人大都懂得避開。但有個年輕人只能辛苦地學到教訓。1836年，十四歲的佛瑞德列克・洛・奧姆斯德誤入一叢毒漆樹中，全身噴滿了樹汁。不久，他的臉就腫脹得嚇人，完全睜不開眼睛。

　　幾星期後，他才稍微恢復，但視力受的傷害還無法復原。他超過一年不能回學校，而他曾經寫道，他的視力問題遠比其他傷害持續了更久。或許男孩需要這段休息時間培養戶外興趣，讓他踏上前途無量的景觀設計師生涯。他寫道：「我同學在準備申請大學的時候，我得以放任我的自然興趣，在田野間漫遊，在樹下做白日夢。」或許那年的白日夢，提供他二十年後設計紐約中央公園最初的靈感。

羽葉播娘蒿 Tansy Mustard

學名：*Descurainia pinnata*

　　罕見的一年生草本植物，植株高二、三呎，春天開黃色的小花。羽葉播娘蒿生長於美國乾燥的田野、沙漠。味道苦澀，民眾不會食用，但牛隻會誤吃，造成致命的後果。牛的舌頭會麻痺，開始「頭亂頂」，用頭撞向柵欄等堅硬的物體，最後會讓牛隻失明。由於頭亂頂、舌頭麻痺加上失明，牛隻無法進食或喝水，最後會因飢餓和脫水而死。

土沉香 Milky Mangrove

學名：*Excoecaria agallocha*

　　土沉香是澳洲的紅樹林樹種，屬於刺激性高的大戟科，乳汁會造成暫時失明、灼傷和搔癢，因此蒙上「瞎你眼」（blind-your-eye）這個俗名。焚燒植株時，煙霧對眼睛也會造成強烈的刺激。

虎爪豆 Cowhage

學名：*Mucuna pruriens*

　　1985年，一對紐澤西夫婦身上長了嚴重的疹子，緊急叫救護車送醫。他們將疹子歸咎於花壇上找到的某種神祕毛茸豆莢。負責的醫護人員也出現同樣的症狀，而當時在急診室治療的所有人無一倖免。醫院有位護士碰觸了一名患者之後，甚至開始搔癢。急診室被迫徹底消毒，甚至清理所有的地毯和紡織品。經辨識，那是虎爪豆的豆莢。

　　虎爪豆是豆科的熱帶爬藤植物。豆莢四吋長，呈淡褐色，毛茸

茸的豆莢上有著五千根螫毛。即使博物館收藏數十年的標本，也能造成嚴重搔癢。其細小的倒鉤若跑進眼睛裡，可能造成短期失明。

指狀櫻桃 Finger Cherry

學名：*Rhodomyrtus macrocarpa*

澳洲的小型樹種，又稱野枇杷（native loquat），據說吃下紅色小果實的人會永久失明。1900年代初期，報紙曾報導數起兒童誤食而失明的案例；1945年，報紙報導新幾內亞有二十七名士兵嘗試了指狀櫻桃的果實後失明。可能的一個原因是指狀櫻桃樹感染了一種盤長孢屬的真菌（*Gloeosporium periculosum*）。澳洲人都知道不該冒險。

大花曼陀羅 Angel's Trumpet

學名：*Brugmansia* spp.

是曼陀羅的親戚，原產於南美，可造成嚴重的「園藝家散瞳症」，就是瞳孔嚴重擴張。有時瞳孔會大到填滿虹膜，使視力模糊。因為症狀實在太嚇人了，有人擔心是腦動脈瘤的徵兆，因此趕緊掛急診。

最近有一例是六歲女孩跌出她家後院的淺水池，父母發現她瞳孔放大，匆忙將她送醫。醫生問父母，女孩有沒有接觸過有毒植物，而父母說沒有。在一堆藥物試驗得到陰性的結果之後，女孩才想起，她跌出水池時抓住了大花曼陀羅。

大花曼陀羅和曼陀羅中的生物鹼都很容易被皮膚吸收，或不小心揉進眼睛裡，造成暫時卻恐怖的視力問題。

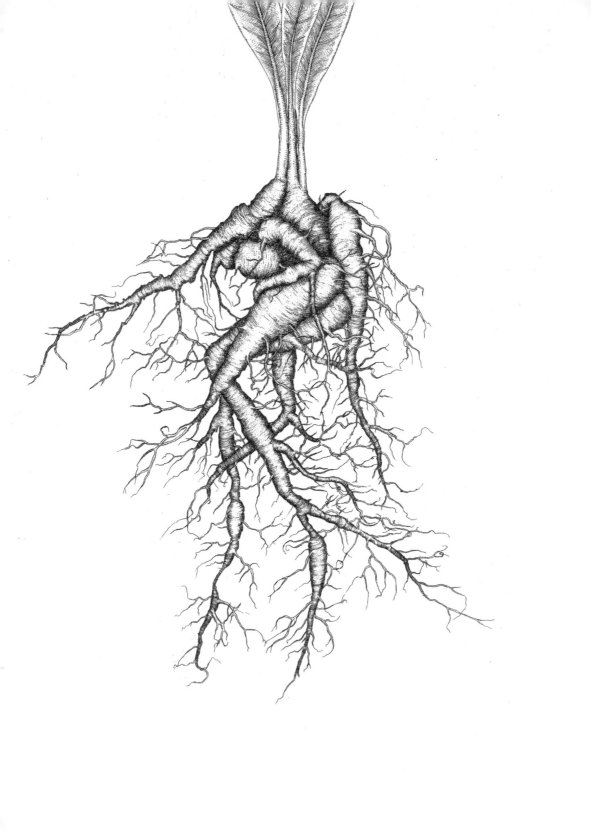

毒參茄 Mandrake

學名：*Mandragora officinarum*

科名：茄科（Solanaceae）

生育環境：原野；開闊、陽光充足的地區

原生地：歐洲

俗名：Satan's apple（撒旦的蘋果）、mandragora（曼德拉草）

> 去吧，接住墜落的流星，
>
> 以毒參茄根迎取新生，
>
> 告訴我，往昔歲月到哪去了？
>
> 是誰將惡魔的蹄分瓣……
>
> ——約翰‧唐恩（John Donne）

　　毒參茄或許不是茄科裡最糟的壞蛋，卻有最恐怖的名聲。地上部是不起眼的小植物，葉片叢生達一呎高，花朵淡綠色，果實近似沒熟的小番茄，略帶毒性。而地下部，才是毒參茄力量的來源。

　　毒參茄的根長而尖，可達三、四呎，像生長於多岩石土地的胡蘿蔔一樣有分叉。古文明的人類認為叉狀帶毛的根很像邪惡的小人，有的像男人，有的像女人。羅馬人認為毒參茄的根能驅魔，而希臘人則認為這很像男性生殖器，所以拿來做春藥。不少

人相信，拔起毒參茄時，毒參茄會尖叫——尖叫聲震耳欲聾，一聽到就會喪命。

西元一世紀的猶太歷史學家弗拉維奧‧約瑟夫（Flavius Josephus），曾描述過聽見毒參茄駭人尖叫而逃過一劫的辦法。把一隻狗綁在植物的基部，狗主人退到安全的距離外。狗跑開時，就會把根拔出來。即使尖叫殺了那隻狗，還是可以撿起毒參茄根使用。

毒參茄悄悄加入酒裡，能做出強烈的鎮靜劑，方便對敵人耍壞心的手段。西元前200年左右，北非城市迦太基之戰中，漢尼拔（Hannibal）將軍發動了早期形式的生化戰，從迦太基城撤軍，並留下盛宴，佐以曼德拉草酒，也就是毒參茄做的藥酒。非洲戰士喝完酒後沉沉睡去，漢尼拔的軍隊回來後，便伏擊殺了他們。

威廉‧莎士比亞（William Shakespeare）或許想到這個典故，因此為這種毒藥在《羅密歐與茱莉葉》裡創造了一個角色。修道士給了茱莉葉一瓶添加毒參茄的安眠藥，並做出不祥的保證：

妳唇上和臉頰的玫瑰色將消逝

變得慘白，妳的眼皮將闔上

如死神闔上生命的白晝

毒參茄的催眠魔法靠的是和它致命親戚相同的生物鹼，植株中含有阿托品、莨菪鹼（hyoscyamine）、和東莨菪鹼（scopolamine），能減慢神經系統的反應，甚至導致昏迷。

不久前，一對義大利老夫妻進了急診室，他們吃下毒參茄果實幾個小時後，毫無條理地不停說話，幻覺不斷。需要強力的解毒劑，才能使心跳恢復正常，讓他們恢復意識（說來諷刺，醫生處方的是從更毒的毒扁豆萃取出的毒扁豆鹼）。

修道士給了茱莉葉一瓶添加毒參茄的安眠藥，讓她看起來「如死神闖上生命的白晝」。

誰是它親戚

聲名狼藉的茄科家族成員有胡椒、番茄、馬鈴薯，和顛茄、「美麗的女人」同一掛。

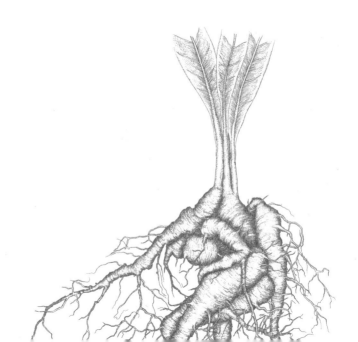

大麻 Marijuana

學名：*Cannabis sativa*

科名：大麻科（Cannabaceae）

生育環境：草地和野原等日照充足、溫暖、開闊處

原生地：亞洲

俗名：麻仔、老鼠尾、pot[6]（大麻葉）、ganja（剛加）、Mary Jane（瑪麗珍）、bud（花蕾）、weed（雜草）、grass（草）

　　人類使用大麻至今至少有五千年的歷史，近七十年才受到管制或禁止。亞洲各地出土的穴居文物中，都發現大麻纖維（大麻纖維是由含微量THC（四氫大麻酚〔tetrahydrocannabinol〕的大麻品種製成，無法作為藥用）。西元70年，羅馬醫生迪奧斯科瑞迪斯（Dioscorides）在他的醫學指南《藥物論》（*De material medica*）中，提過大麻的藥學特性。大麻的使用傳到印度，遍及歐洲，最後傳到了新世界，移民將之當作有用的纖維作物來栽植。《獨立宣言》早期的草案，就是寫在麻紙上。大麻曾是專利藥物，1864至1900年甚至製成糖果在曼哈頓販售，這種糖稱為「迷人

6「pot」這個俗名源於西班牙文「potiguaya」，意為「大麻葉」，1930年代末至1940
　年代初才在美國通行。此字為墨西哥西班牙文「potación de guaya」之略，這個詞的
　原意為大麻葉浸於白蘭地或葡萄酒中做成的酒精飲料。

的阿拉伯剛加」（Arabian Gunje of Enchantment），號稱是「最令人愉快而無害的興奮劑」。

這種一年生像雜草的植物能長到十至十五呎高，富含黏稠帶毒性的大麻脂，可用來製造麻藥。植株全株含有THC，這種具精神刺激性的物質能帶來溫和的愉悅感、放鬆，與時間緩慢流逝的錯覺。較高劑量下，有時會出現偏執和焦慮的症狀，但大多數影響在數小時內會自行消失。大麻不算致命植物，除非將吸食大麻導致的機車車禍、搶劫、室內栽種造成的電線走火納入考慮。

大麻的分類在植物學家之間還有爭議。有些學者認為大麻（*Cannabis sativa*）、印度大麻（*C. indica*）和小大麻（*C. ruderalis*）是三個不同的植物種，其他學者則認為大麻屬只有大麻一種，其他可能是不同品系，其他的品系或所謂植物種，都可稱作大麻。除了大麻纖維可做衣物、造紙之外，研究顯示，大麻也可作為生質燃料的來源，種子含有蛋白質、健康的脂肪酸和維生素，因此大麻籽也是食物原料。

有些歷史學家提出二十世紀初的非法大麻風潮，其實起因於文化戰爭。爵士樂手、藝術家、作家和其他遊手好閒的人常抽大麻當作消遣。1937年的大麻稅法（Marihuana Tax Act）管制了大麻的使用，但並未禁止。跨世代運動（Beat movement）的開始，可能造成了動力，讓美國年輕人無法再使用這種邪惡的植物。1951年，伯格斯法案（Boggs Act）部分條款宣布大麻為非法藥物。

現今世界各國大都禁止或嚴格限制大麻的使用。雖然如此，美國衛生部的調查顯示，十二歲以上的美國人中，有九千七百萬

人（即占三分之一）一生中使用過大麻。其中三千五百萬人前一年使用過，人數超過總人口的一成。聯合國估計，全球人口的百分之四（一億六千萬人）每年都會吸食這種藥物。

生產非法大麻的土地面積估計在全球占了五十萬英畝，產生四萬二千公噸的大麻，使大麻在全球各地成為價值約四千億美元的作物。美國的產量推估約三百五十億美元，而美國的玉米產值為二百二十六億美元，菸草這種邪惡的植物則為十億美元。大麻除了身為經濟作物，也是雜草。美國緝毒署的報告指出，2005年緝毒署掃蕩了四百二十萬的人工栽培大麻和二億一千八百萬的「溝草」（ditchweed），該署並且說明，所謂溝草是指長在野地、一般不會收成的大麻植物（溝草通常是大麻合法種植時期殘留的大麻品種）。這代表美國百分之九十八根除大麻的努力都是針對雜草。

1864至1900年，大麻甚至製成糖果在曼哈頓販售，稱為「迷人的阿拉伯剛加」。

誰是它親戚

啤酒花（hops，*Humulus lupulus*）是啤酒的調味料，和大麻是同一科的植物，據知沒有毒性，不過花苞可做溫和的鎮定劑。朴樹（hackberry，*Celtis* spp.）是相近的屬，為北美的觀賞樹木。

洋夾竹桃 Oleander

學名：*Nerium oleander*
科名：夾竹桃科（Apocynaceae）
生育環境：熱帶、亞熱帶及溫帶氣候，通常生長於乾燥向陽的位置或乾燥河床
原生地：地中海地區
俗名：rose laurel（玫瑰月桂）、be-still tree（不動樹）

　　西元77年，老普林尼筆下的夾竹桃是「常綠植物，外觀近似玫瑰樹，莖幹分叉為多數枝條；對馱獸、山羊和綿羊有毒，卻是人類的蛇毒解毒劑」。

　　普林尼或許是當時最具影響力的植物學家，對洋夾竹桃的認知卻有誤。被蛇咬的人，洋夾竹桃能給的唯一幫助是迅速慈悲的死亡。這種劇毒的灌木因為會開紅色、粉紅、黃色或白色的花，而在全球溫暖氣候地區廣受歡迎。洋夾竹桃散布甚廣，因此這些年間捲入了為數驚人的謀殺與意外死亡事件。在一個常見的傳說中，露營者用洋夾竹桃串烤肉，在營火上烤，就這麼送了命。這個故事未經證實，但洋夾竹桃乳汁和樹皮中的毒的確能輕易汙染食物。

　　洋夾竹桃含洋夾竹桃甙（oleandrin），這種強心配糖體會造成

噁心、嘔吐、嚴重無力、心律不整、心跳減速因而迅速致死。洋夾竹桃對動物也有毒；葉片雖然帶苦味，貓、狗卻可能忍不住齧咬。燃燒洋夾竹桃枝條產生的煙霧具有高度刺激性，即使採自洋夾竹桃花釀的蜜也可能有毒性。研究洋夾竹桃做成的堆肥肥料，發現製造三百天後，堆肥中的洋夾竹桃苷依然高於偵測極限，不過堆肥種植的植物並不會吸收毒素。

只要幾片葉子就能讓兒童致命，因此兒童特別容易受害。2000年，南加州發現二名幼童嚼過洋夾竹桃葉後，死在嬰兒床裡。幾個月後，南加州一名婦人把洋夾竹桃葉放進丈夫的食物中，想得到丈夫的保險金。丈夫因為嚴重的腸胃問題而送醫，最後活了下來。他休養期間，婦人給他混了防凍劑的開特力（Gatorade）飲料，完成了她的計畫。她現在成為加州十五名女性死刑犯的一員，也是其中唯一曾企圖以植物謀殺的人。

文獻中常出現以洋夾竹桃自殺的案例，其中最常見的是住在安養院的病患，或許因為洋夾竹桃是常見的景觀植物，也是老年人熟知的有毒植物。斯里蘭卡有種洋夾竹桃的親戚黃花洋夾竹桃（yellow oleander，*Thevetia peruviana*），是自殺最常用的方式，尤其以女性使用最廣。近期的研究以逾一千九百名藉黃花洋夾竹桃種子自殺的醫院病人為樣本，只有百分之五的患者死亡，不過老年人卻較為成功，原因可能是老年人較為脆弱，或較有決心，吃下的種子較年輕人多。

不幸的，洋夾竹桃傳說也有藥效，因此受某些癌症或心臟問題所苦的人，會用網路上找到的配方做洋夾竹桃湯或洋夾竹桃茶

喝。這種行為非常危險。美國有人有意讓一種叫Anvirzel的萃取物上市，但食品藥物管理局並未發給許可。

南加州一名婦人把洋夾竹桃葉放進丈夫的食物中，想得到丈夫的保險金。

誰是它親戚

　　夾竹桃科其他開花樹木和灌木，包括芬芳的緬梔（plumeria）、含劇毒的海檬果（cerbera）、日日春（periwinkle）和黃花洋夾竹桃。

禁入花園

　　危險的植物不只潛伏在亞馬遜雨林或熱帶叢林，你當地的花卉中心可能也很常見，不過可沒加上有毒的標誌。有疑惑時，就要問——而且務必提醒兒童別吃任何沒在餐桌上看過的東西。這些有毒的美麗植物，可能就在你家後院：

杜鵑 Azalea and Rhododendron
學名：*Rhododendron* spp.

　　這類的灌木包括八百多種，數千個品種。葉片、花朵、花蜜和花粉都含有木藜蘆素（grayanotoxin）這種毒素。吃下植株的任何部位，都可能造成心臟問題、嘔吐、頭暈和嚴重的虛弱無力。採杜鵑花做的蜂蜜也可能有毒。老普林尼不懂大自然為什麼允許做出有毒的蜂蜜，他在西元77年前後寫道：「除了讓人類小心一點，別那麼貪心外，她究竟還有什麼動機呢？」

洋槐 Black Locust
學名：*Robina psuedoacacia*

　　原生於北美洲，花朵成串，類似紫藤，有粉紅、淡紫或奶油色，枝幹上布滿尖刺，除花朵外，所有部位都有毒。刺槐素（robin）這種毒素

和蓖麻毒素（ricin）與雞母珠毒素（abrin）類似（分別是蓖麻和雞母珠產生的毒素），刺槐素毒性較溫和，但會使脈搏微弱、胃部不適、頭痛、嚴重發冷。秋天時樹皮的毒性特別強。

秋水仙 Colchicum

學名：*Colchicum* spp.

這類開花植物有時稱為秋季番紅花（autumn crocus）或草地番紅花（meadow saffron），但秋水仙不是真正的番紅花，也不是用來提煉番紅花這種香料的植物。球莖在秋天開出粉紅或白色的美麗花朵，但植物全株都有毒。有毒成分是秋水仙素（colchicine）這種生物鹼，會造成灼傷、發熱、嘔吐、腎臟衰竭。秋水仙素自古以來就被用來治療痛風，直到2007年美國奧勒岡州爆發一連串死亡案件，使食品藥物管理局收回這種藥物之前，都是自然療法常見用藥的有效成分。

瑞香 Daphne

學名：*Daphne* spp.

這類灌木開著香氣強烈的叢聚小花，花期適逢少有其他花朵綻放的冬季與早春，因而大受歡迎。只要一、兩枝花就能讓整室生香。汁液可能刺激皮膚，植株全株有毒。只要幾粒劇毒的漿果就能毒死兒童；倖存者可能會喉嚨不適、內出血、虛弱無力或嘔吐。

毛地黃 Foxglove

學名：*Digitalis* spp.

低矮的二年生或多年生草本植物，生成白色、薰衣草色、粉

紅、黃色等各色調喇叭狀的花朵，美得令人屏息。全株都會刺激皮膚，誤食則會引起嚴重的胃部不適、譫妄、顫抖、抽筋、頭痛、致命的心臟問題。植株產生強心配糖體毛地黃素（digoxin），可製成心臟藥毛地黃類藥物（digitalis）。

嚏根草 Hellebore
大齋期玫瑰 Lenten Rose
聖誕玫瑰 Christmas Rose

學名：*Helleborus* spp.

　　低矮的多年生草本植物，葉片深綠而搶眼，冬天和早春綻放美麗的五瓣花朵，顏色有淡綠、白色、粉紅、紅色和茶色。全株具毒性，汁液刺激皮膚，誤食的症狀包括口腔灼熱、嘔吐、頭暈、神經系統功能低下及抽筋。嚏根草曾是常用的藥草；關於亞歷山大大帝（Alexander the Great）之死有個推論，就是他服了藥用的嚏根草。一些歷史學家相信，希臘城邦之間的第一次神聖戰爭（西元前595至585年），是一個希臘盟邦用嚏根草在基拉城（Kirrha）的水源下毒，才贏得勝利。這可能算是史上有記載的最早化學戰爭之一。

八仙花 Hydrangea

學名：*Hydrangea* spp.

　　備受喜愛的花園灌木，特色是巨大成簇的藍色、粉紅、綠色或白色花朵。八仙花含有微量的氰化物。很少中毒的案例，但花朵會當作蛋糕的頂飾，可能讓人誤以為八仙花能吃。中毒症狀有嘔吐、頭痛、肌肉無力。

馬櫻丹 Lantana

學名：*Lantana* spp.

很常見的多年生低矮常綠植物，能吸引蝴蝶，花期為整個夏季，花朵是各種色調的紅色、橙色和紫色。漿果青綠時毒素含量很高。誤食漿果可能造成視力問題、虛弱無力、嘔吐、心臟問題，甚至致死。

山梗菜 Lobelia

學名：*Lobelia* spp.

山梗菜屬的成員有不少是熱門的花園植物，如小巧亮眼的翠蝶花（又稱六倍利，*L. erinus*）是會從花器裡蔓流出的一年生花壇植物；紅花山梗菜（*L. cardinalis*）好生於沼澤，鮮紅帶刺；熱帶的山梗菜（*L. tupa*）常被稱為惡魔的菸草（devil's tobacco）。囊果山梗菜（*L. inflate*）又稱印地安菸草，另外還有「催吐草」（pokeweed）或「嘔吐草」（vomit wort）的稱呼。山梗菜屬植物中的有毒物質是山梗菜酮鹼（lobelamine）和山梗菜鹼（lobeline），和尼古丁相似，誤食可能造成心臟問題、嘔吐、顫抖和麻痺。

金鉤吻 Yellow Jessamine
卡羅萊納茉莉 Carolina Jassamine

學名：*Gelsemium sempervirens*

常綠藤本，原生於美國西南部。因為喇叭狀亮黃芬芳的花朵而成為受歡迎的爬藤植物、地被植物，並成為南卡羅萊納州的州花。全株有毒，曾有孩童將金鉤吻誤認為忍冬（honeysuckle），吸吮花蜜而中毒致死。沒有其他植物的花朵時，蜜蜂若太常造訪金鉤吻，則花粉和花蜜都會毒害蜜蜂。

罌粟 Opium Poppy

學名：*Papaver somniferum*
科名：罌粟科（Papaveraceae）
生育環境：溫帶氣候、日照充足、肥沃的花園土壤
原生地：歐洲及西亞
俗名：breadseed poppy（麵包子罌粟）、peony poppy（牡丹虞美人）、Turkish poppy（土耳其虞美人）、"hens and chicks" poppy（母雞帶小雞虞美人）

　　罌粟是唯一能從園藝商品目錄訂購、在苗圃看到、在花卉展售會購買、在自己的花床欣賞的二級管制麻醉藥（二級管制麻醉藥的定義為：極可能上癮，但可開立處方）。持有罌粟植株或乾罌粟草稈絕對違法，但地方的執法人員都心知肚明，比起老奶奶花園裡幾朵粉紅、紫色的花，他們還有更大的問題要處理。能合法持有的只有罌粟子，因為罌粟子是常用的食物原料。

　　經驗老到的園藝家輕易就能分辨罌粟和它沒麻醉效力的近親。洩漏罌粟身分的是平滑、藍綠色的葉片和粉紅、紫色、白色或紅色的大花瓣，還有肥厚藍綠的蒴果。剛收成的蒴果用刀劃開時，會汩汩流出乳汁。這種乳汁能製成鴉片，其中含有嗎啡、可待因和其他可做止痛藥的麻醉成分。

中東地區自從西元前3400年就開始種植罌粟了。荷馬（Homer）的《奧德賽》（Odyssey）中寫到一種名為忘憂藥（nepenthe）的萬靈藥，讓特洛伊的海倫忘了她的悲傷；許多學者相信，忘憂藥是攙了鴉片的飲料。西元前460年，希波克拉底斯推行將鴉片當作止痛藥。而鴉片當毒品使用的記錄可追溯至中世紀。

十七世紀，鴉片和其他幾種成分混合後，製成名為鴉片酊的藥物。十九世紀初，醫生從罌粟萃取出嗎啡。而拜耳（Bayer）藥廠1898年從罌粟中製出效力遠高過於嗎啡的藥品後，推出最受歡迎的萃取劑。他們幫新產品取了什麼名字？就叫海洛因。拜耳把海洛因當作兒童與成人共用的咳嗽糖漿販售，但上市的時間只有十年。結果毒品使用者依然發現了海洛因，開始將海洛因當毒品使用。

海洛因使用量攀高的情形令人警覺，因此美國政府決意加以限制，至1923年全面禁止。然而，海洛因的使用有增無減，時至今日，據報有三百五十萬美國人一生中曾經使用過海洛因。依照世界衛生組織（The World Health Organization）估計，全球使用海洛因的人口至少有九百二十萬。全球的鴉片大約百分之九十都由阿富汗生產，但美國吸毒者的貨源主要來自哥倫比亞和墨西哥。

鴉片會產生一種愉悅感，同時抑制呼吸系統，可能造成昏迷或死亡。鴉片干擾腦中腦內啡（endorphin）的受器，使上癮的人無法利用這種腦中的天然止痛劑。因此戒除海洛因非常困難。上癮者入獄、被迫戒毒時，有時會不斷撞向欄杆，將注意力從肌肉劇痛中轉開。每株植物的嗎啡含量變化很大，所以即使是罌粟籽

和蘋果泡的茶也有危險；2003年，就有一位七十歲的加州人因為「天然」罌粟茶飲用過量而喪命。

典型的海洛因使用者每年需要的海洛因，得使用收成至少一萬株罌粟才能製成，不過對於想種罌粟的園藝家，法律毫不寬容。1990年代中期，美國緝毒署擔心罌粟籽容易取得，會使民眾自製海洛因，故要求種子公司不要主動在目錄裡放上罌粟籽。大部分種子公司不予理會，而罌粟花在園藝家之間繼續廣受歡迎。用來烤東西的種子量少時無害，不過若是吃下兩個罌粟小鬆糕，藥物試驗就可能過不了關。

> 荷馬的《奧德賽》中寫到一種名為忘憂藥的萬靈藥，讓特洛伊的海倫忘了她的悲傷；許多學者相信，忘憂藥是攙了鴉片的飲料。

誰是它親戚

其他罌粟屬的植物包括東方虞美人（Oriental poppy，鬼罌粟〔*Papaver orientale*〕）、虞美人（Shirley poppy、Flanders field poppy，*P. rhoeas*）、冰島罌粟（Iceland poppy，野罌粟〔*P. nudi-caule*〕）。橙色花朵的加州罌粟（California poppy）是原生的野花，學名花菱草（*Eschscholzia californica*），和它們並無親戚關係。

致命的花束

　　1881年7月2日，查爾斯・朱利斯・吉托（Charles Julius Guiteau）槍殺了美國前總統詹姆斯・加菲爾（James Garfield）。要殺總統，他的槍法還不夠準；加菲爾又活了十一個星期，這期間醫生用著沒消毒的器具翻探他的內臟，找尋子彈；但子彈其實卡在他脊椎附近。吉托則企圖在他戲劇性的怪異審判中利用這個醫療糾紛，聲稱：「我只是開槍打了加菲爾，真正殺他的是醫生。」不過他依然被判處絞刑。

　　行刑當天早上，他姊姊為他帶了束鮮花，被獄卒攔截下來，後來發現花瓣之間暗藏的砒霜足以殺死好幾個人。雖然他姊姊否認在弟弟的花束中下毒，不過眾所周知吉托很怕絞刑的套索，想必會希望有別的死法。

　　不過，有加砒霜的必要嗎？其實吉托的姊姊只要計畫一下，就能做出一把本身就能造成不少傷害的花束。

飛燕草 Larkspur and Delphinium

學名： *Consolida ajacis, Delphinium* spp.

因為高高的粉紅、藍色、薰衣草色或白色花穗和邊緣齒狀的細緻葉片，深受花卉愛好者喜愛。這些植物所含的有毒成分，和它們的親戚歐烏頭的毒素類似。有毒物質含量依植種和植物年齡而有不同，但吃多了，就可能達到致死劑量。

鈴蘭 Lily-of-the-Valley

學名： *Convallaria majalis*

春季花卉，帶有脫俗的香氣，並含有數種不同的強心配糖體，可能造成頭痛、噁心、心臟病症狀，高劑量時甚至導致心臟衰竭。紅色的漿果也有毒性。

荷包牡丹 Bleeding Heart

學名： *Dicentra* spp.

傳統的可愛花朵，英文名「bleeding heart」（流血的心）取自花朵的形狀，像一顆心掛著一滴血。荷包牡丹所含的有毒生物鹼可能造成噁心、抽搐和呼吸問題。

香豌豆 Sweet Pea

學名： *Lathyrus odoratus*

貌似普通的豆藤，但花朵較大，顏色較鮮豔，香氣襲人。全株都帶輕微的毒性，嫩莖和果莢則含有有毒的胺基酸——山黧豆素

（lathyrogen）。香豌豆屬中除了香豌豆，還有一些豆類和野豌豆也會造成山黧豆素中毒，症狀有麻痺、虛弱無力、顫抖。

鬱金香 Tulip

學名：*Tulipa* spp.

鬱金香會產生高度刺激性的汁液，對園藝工作者十分危險。觸摸球根可能使皮膚過敏，荷蘭球根工業的工人深知，即使是球根製成的乾燥粉末都可能引起呼吸問題。鬱金香手指（tulip finger）這種症狀，是整天處理鬱金香的種花人的職業傷害，症狀是疼痛的腫脹、紅疹、皮膚龜裂。

荷蘭的飢荒期間，曾有人將鬱金香球根誤認為洋蔥而吃下去──這主意糟透了，鬱金香球根做的晚餐會造成嘔吐、呼吸困難，並使身體極度虛弱。

風信子 Hyacinth

學名：*Hyacinthus orientalis*

風信子在花卉工業中也以造成「風信子搔癢症」聞名，若是不戴手套即處理球根，就可能受害。風信子的汁液可能使皮膚過敏。

百合水仙 Alstroemeria
祕魯百合 Peruvian Lily

學名：*Alstroemeria* spp.

和鬱金香、風信子造成的皮膚炎一樣。這些花的不同品種之

間，可能發生交叉過敏的反應，進而引發疼痛的皮膚問題大集合。

菊花 Chrysanthemum

學名： *Chrysanthemum* spp.

　　菊花的花朵常用於泡茶或醫療目的，但這類植物卻可能造成嚴重的過敏反應。有些人會有皮膚出疹、眼睛發腫等等症狀。部分植種可製成有機的除蟲菊殺蟲劑。

歐烏頭 Aconite

學名： *Aconitum napellus*

　　歐烏頭，又稱僧帽草，是常見的花園花卉，一長串藍色或白色的花朵和飛燕草很像。放在花束中雖然漂亮，植株裡的毒性卻足以致命，可麻痺神經，甚至致死。園藝人員不宜直接處理莖幹；即使皮膚接觸，也可能導致麻木、心臟病問題。

**花束被獄卒攔截下來，後來發現花瓣
之間暗藏的砒霜足以殺死好幾個人。**

黃蝴蝶 Peacock Flower

學名：*Caesalpinia pulcherrima* syn. *Poinciana pulcherrima*
科名：豆科（Fabaceae）
生育環境：熱帶、亞熱帶山坡，低地雨林
原生地：西印度群島
俗名：red bird of paradise（天堂紅鳥）、Barbados pride（巴巴多斯島的驕傲）、ayoowiri（艾悠瓦爾 ）、flos pavonis（孔雀花）、tsjétti mandáru（切提‧曼達魯）

　　黃蝴蝶在奴隸買賣的歷史上扮演著悲劇性的角色。這種美麗的熱帶灌木有著羽狀的葉片，和鮮豔的橙色花朵，令蜂鳥無法抗拒。而西印度群島的女性熟知黃蝴蝶果莢的毒性。

　　十八世紀的醫學文獻記載，女性奴隸為了不讓自己的孩子使蓄奴者更富裕，而自行墮胎。這種反抗有許多形式──有些女性會向莊園的醫生拿藥物，希望藥物能造成流產；也有些人靠的是黃蝴蝶這類的植物。據信黃蝴蝶能帶來月信，或像歐洲醫生有時所稱的「開紅花」（bring down the flowers）。

　　1705年，植物探險家瑪麗雅‧席貝拉‧馬利安（Maria Sibylla Merian）首次描述，西印度群島的女性如何用這種植物反抗主人：「受荷蘭主人苛待的印地安人用（這種植物的）種子墮胎，以免

她們的孩子和她們一樣變成奴隸。幾內亞和安哥拉來的黑人奴隸要求得到合理的對待，並且威脅不要生孩子。其實他們有時會因受到虐待，希望投胎後自自由由地生在自己的土地上，而自己了斷。這是他們親口告訴我的。」

黃蝴蝶後來在歐洲的植物收藏家之間，成為熱門的觀賞灌木，並在美國南部茂盛生長，尤其是佛羅里達、亞利桑那和加州。黃蝴蝶在冬季溫和的地區可能長到二十呎高。樹皮上布滿麻煩的尖刺。紅、黃、橙色花朵盛開整個夏季，秋天花落後，長出褐色的果莢，內含有毒的種子。

西印度群島的女性把種子藏得很好。植物學文獻裡很少提到黃蝴蝶身為觀賞灌木的歷史中，在絕望的女性奴隸對抗可怕處境時扮演的角色。

> 受荷蘭主人苛待的印地安人用（黃
> 蝴蝶的）種子墮胎，以免她們的孩
> 子和她們一樣變成奴隸。

誰是它親戚

雲實屬（*Caesalpinia*）包括七十種熱帶灌木和小型樹木。紅蝴蝶（*C. gilliesii*）又稱天堂鳥灌木（bird of paradise shrub），是美國西南部常見的觀賞植物，因為種子中含單寧而具毒性，但二十四小時後，大多數人因毒性造成的嚴重胃腸影響就會恢復。

烏羽玉 Peyote Cactus

學名：*Lophophora williamsii*
科名：仙人掌科（Cactaceae）
生育環境：沙漠，但較為潮濕的狀態有利種子發芽
原生地：美國西南部、墨西哥
俗名：peyote（佩約特）、buttons（扣子）、mescaline（麥斯卡林）、challote（查約特）、devil's root（惡魔根）、white mule（白騾子）

　　西班牙傳教士到達新世界時，發現美國原住民在儀式中使用烏羽玉（麥斯卡林），視之為巫術。西班牙征服者和殖民者禁止使用烏羽玉，使烏羽玉的使用轉向檯面下。說來諷刺，白人拓荒者反對使用烏羽玉，理由卻是烏羽玉可能傷害美國原住民。這樣的信念持續到二十世紀。1923年，《紐約時報》引述一名反烏羽玉人士的言論，認為使用烏羽玉的人可能無藥可救；「酗酒的人經過小心治療，可能免除身體和心理的弱點，但沉迷麥斯卡（林）的人，已經到了完全無能為力的境界。」

　　這種生長緩慢的小巧仙人掌外形，有如直徑一、二吋的鈕扣，不帶刺。別出心裁地在頂部開出黃色的小花，最後結成種子。不過別想在沙漠裡找烏羽玉；因為過度採集已經讓它在美國

西南部近乎絕跡。

　　乾澀味苦的烏羽玉可以直接吃，或做成茶。最初的效果頗為嚇人，會焦慮、頭暈、頭痛、發冷、嚴重噁心、嘔吐。隨後出現的幻覺據說是很強烈的經驗，會看到鮮豔的顏色，對聲音更為敏感，思緒清晰。不過服用烏羽玉的經驗形形色色，也有人說像「化學藥品造成的精神疾病」。

　　美國原住民在宗教儀式中使用烏羽玉的行為，向來在美國受到懷疑。二十世紀初的哈維・W・威利（Harvey W. Wiley）博士不屈不撓地鼓吹食品、藥物安全，他曾向參議院印地安事務委員會（Senate Committee on Indian Affairs）抱怨，如果允許以宗教為目的使用烏羽玉，「以後就會有酒精教派、古柯鹼教派和菸草教派了」。1990年，最高法院對「勞工部與史密斯」一案做出裁決，判定第一憲法修正案並未保護想在宗教儀式中使用烏羽玉的原住民。美國國會對此的回應是修改美國印地安宗教自由法（American Indian Religious Freedom Act），允許美國原住民在宗教儀式中使用烏羽玉。對其他人而言，烏羽玉是一級管制藥物，持有烏羽玉是一項重罪。

誰是它親戚

　　烏羽玉屬於仙人掌科，這一科的成員有二千至三千種植物。它有個親戚是鋪散烏羽玉（*Lophophora diffusa*），只含有微量的仙人掌球毒鹼，還有其他具神經活性的成分。

迷幻植物

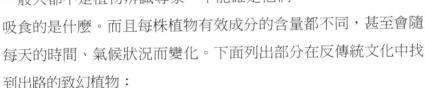

　　美國緝毒署幾乎追不上民眾對致幻植物多變的嗜好。這些植物有些不是非法的，但尋求「天然興奮劑」的人非常喜愛。可惜一般人都不是植物辨識專家，不能確定他們吸食的是什麼。而且每株植物有效成分的含量都不同，甚至會隨每天的時間、氣候狀況而變化。下面列出部分在反傳統文化中找到出路的致幻植物：

占卜鼠尾草 Diviner's Sage

學名： *Salvia divinorum*

　　不耐寒的多年生鼠尾草，原生於墨西哥，外觀近似其他園藝用的鼠尾草。占卜鼠尾草在網路上以便宜興奮劑的特性廣受歡迎，吸入葉片的煙或嚼食會產生幻覺，但許多使用者表示，吸食的經驗短暫而駭人，不值得一試。占卜鼠尾草未納入美國緝毒署的管制藥品清單，但當局認為有必要加以關切。美國數州將占卜鼠尾草列為非法植物，大部分軍事基地都禁用，在一些歐洲國家

也遭禁止。可惜這個特別植種和花園裡常見卻無迷幻效果的鼠尾草，新聞報導通常未加以區分。

聖佩德羅仙人掌 San Pedro Cactus

學名：*Trichocereus pachanoi* syn. *Echinopsis pachanoi*

柱狀仙人掌，刺不多，分布遍及安地斯山，用於部落儀式。它和烏羽玉一樣含有仙人掌球毒鹼，卻不在美國緝毒署的管制藥品清單上，因此其栽植廣泛。不過有意種植以製造或販售仙人掌球毒鹼的人，可能挨告。另一個記載較少的仙人掌親戚是白聚球（*Echinopsis lageniformis*），因為解剖學上的形狀而俗稱男性之尊（penis cactus）。

美麗帽柱木 Kratom

學名：*Mitragyna speciosa Kroth*

原產於東南亞的喬木，葉片和古柯或阿拉伯茶一樣，是嚼食的興奮劑。劑量高時，會產生輕微的愉悅感，可能造成不良的副作用，如噁心和便祕。

美麗帽柱木在美國並沒有禁用，然而會上癮，因此仍在泰國、澳洲和其他少數國家受到禁止。

大果柯拉豆 Yopo

學名：*Anadenanthera peregrina*

原產於南美的喬木，果莢褐色長形。種子具有致幻物質的蟾

毒色胺（bufotenine），一些原住民部落會將之作為宗教儀式中用的鼻煙。種子具有致幻效果，但會造成痙攣。一些蟾蜍也會分泌蟾毒色胺，甚至有人為了得到興奮感而舔蟾蜍，但可能因此造成痙攣、心臟問題而進醫院。

美國緝毒署將蟾毒色胺列為一級管制藥品，但大果柯拉豆的種子（或蟾蜍）並沒有特別列為非法。數個臨床研究顯示，精神分裂患者和其他少數精神疾病患者，尿液中都含有蟾毒色胺。大果柯拉豆據傳含有二甲基色胺，也就是卡皮藤的有效成分，但分析結果顯示種子中並沒有二甲基色胺。

三色牽牛 Morning Glory

學名：*Ipomoea tricolor*

種子含有少量的麥角醯胺（lysergic acid amide），大量食用可能造成類似LSD的吸食經驗。種子在青少年之間大受歡迎，或直接嚼食，或泡在水中做茶。最近的報告指出，許多園藝中心老闆不知道這種風潮，一直將一包包種子賣給青少年，希望年輕人開始對園藝有興趣。有些吃下種子的孩子，因為心跳速率高得危險和駭人的幻覺而送醫。

毒參 Poison Hemlock

學名：*Conium maculatum*

科名：繖形花科（Apiaceae）

生育環境：田野和牧草地，遍及北半球；喜好潮濕土壤、沿岸地區

原生地：歐洲

俗名：spotted parsley（斑點洋香菜）、spotted cowbane（斑點毒芹）、bad-man's oatmeal（壞人的燕麥粥）、poison snakeweed（毒蛇草）、beaver poison（毒海狸草）

　　1845年的某一天，一位蘇格蘭裁縫鄧肯・高（Duncan Gow）吃下兒女幫他採的野菜做的三明治。幾小時後，他送了命。孩子們犯了致命的錯誤，將葉片花邊狀的洋香菜和毒參弄混了。那是他們跟父親學到的最後一堂（恐怕也是唯一一堂）植物課，而他們將永難忘懷。

　　毒參帶來的死亡，由外表看來很平靜。高先生先是醉醺醺地跟蹌走動，接著四肢逐漸麻痺，最後毒性讓他的心臟和肺臟停止運作。參與驗屍的醫生報告，「意識在死前不久還很清晰」。

　　毒參最著名的受害者是希臘哲學家蘇格拉底，他西元前399年被控腐化雅典青年及其他罪名，判處死罪。他的學生柏拉圖目睹了他的死亡。臨刑時，一名守衛帶毒參做的飲料給蘇格拉底喝，

蘇格拉底平靜地喝下。這個罪犯在牢房裡踱步，直到雙腿沉重，然後仰躺下來。守衛壓壓蘇格拉底的腿和腳，問他還有沒有感覺；他沒感覺了。柏拉圖寫道：「然後他（守衛）碰碰他，說等寒冷蔓延到他心臟，他就會死去」。不久之後，蘇格拉底漸漸沉默，不再動彈，接著就過世了。

毒參中毒的情形有時似乎沒那麼溫和。活在西元前197至130年的一名羅馬軍醫尼坎德（Nicander）寫了首散文詩：「注意毒參這種毒飲，它真的會為頭腦帶來災難，帶來夜的黑暗。翻著白眼，蹣跚地走過街道，兩手搔癢；可怕的窒息堵住喉嚨下部和細窄的氣管；四肢末端逐漸冰冷，強韌的主動脈收縮；不久，受害者像昏厥的人一樣呼吸，但靈魂卻已經見到了冥王。」

學者最後推論，尼坎德敘述的一定是另一種植物，可能是歐烏頭或水毒芹。然而一位英國醫師約翰・哈雷（John Harley）提出了決定性的證據；他在1869年親自服用了少量毒參做實驗，報告了他引人注目的發現。

他寫道：「肌肉的力量明顯喪失，我感覺所謂的『動力』離我而去。腿似乎馬上就虛弱得無法支撐住我……但意識依然非常清晰平靜，頭腦從頭到尾都很活躍，只是身體感覺很沉重，幾乎像是睡著的時候。」

毒參是繖形花科的植物，毒性極高，因此在蘇格蘭有「死人的燕麥粥」（died men's oatmeal）之稱。幼株在春天萌發，細緻的葉片和削尖的軸根很像洋香菜或胡蘿蔔，幾可亂真。植株一季就能長到八呎以上，花朵有如野胡蘿蔔。莖空心，帶著紫斑，有時

稱為蘇格拉底之血（Socrates' blood）。懷疑的話，不妨壓碎葉片聞一聞，那氣味足以趕走大部分的動物，有人描述說像是「歐洲防風或老鼠」的味道。

毒參是繖形花科的植物，毒性極高，因此在蘇格蘭有「死人的燕麥粥」之稱。

誰是它親戚

同科的植物有蒔蘿、芹菜、小茴香、洋香菜、大茴香；毒參在其中是壞孩子；大茴香若大量食用，也有毒性。

千屈菜 Purple Loosestrife

學名：*Lythrum salicaria*
科名：千屈菜科（Lythraceae）
生育環境：溫帶低草地、濕地
原生地：歐洲
俗名：purple lythrum（紫花千屈菜）、rainbow weed（彩虹草）、spiked loosestrife（穗花千屈菜）

　　查爾斯‧達爾文非常熱中於千屈菜。1862年，他寫信給一位朋友亞薩‧格雷（Asa Gray，著名的美國植物學家），希望格雷可以給他一些樣本。他信中寫道：「拜託行行好，看看你的一些植種，如果可以找到種子給我，就給我吧……種子！種子！種子！我想要蔓虎刺（Mitchella）的種子。還有千屈菜！」他在信尾署名：「你完全瘋了的朋友，C‧達爾文筆」。

　　達爾文不是唯一對千屈菜瘋狂的人。歐洲移民將這種草坪植物帶到美洲，它便在美洲迅速繁衍。園藝家和博物學家真心喜愛這種高大有活力的野花，和它紫色的美麗花穗。幾乎整個二十世紀，園藝學家都熱心地建議將千屈菜種在花園中難處理的位置，如陰暗的區域、土壤貧瘠或排水不佳的花床。遲至1982年，園藝作家才開始發現千屈菜有成為雜草的傾向，但依然稱之為「俊帥

的無賴」，似乎暗示它畢竟本性難移，而園藝家也應該喜愛它侵略性的天性。

　　他們真是大錯特錯。千屈菜堪稱美國地景中最具侵略性的入侵者，橫跨美國四十七州和加拿大部分地區，甚至散布到紐西蘭、澳洲，並渡海到亞洲。植株輕易就能長到十呎高、周長五呎，多年生的強健軸根可以發出五十條莖，要是嫌它的根狀莖生命力不夠看的話，那麼瞧瞧它單一植株一季就能產生二百五十萬粒種子，種子在萌發前可以存活二十年。

　　千屈菜阻塞濕地和水道，抑制其他植物生長，破壞了野生動物的食物來源和棲地。據估計，光是在美國，就有一千六百萬英畝的土地長了千屈菜，根除行動每年要花費四千五百萬美元。千屈菜被聯邦列為有害雜草，許多州都禁止運送或販賣。雖然有其

他非入侵種或不孕性的植種取代千屈菜販售，原生植物專家依然建議完全避開千屈菜屬的植物。

千屈菜是歐洲的原生種，但在歐洲並沒有引起這種破壞，因此提供了在美國控制千屈菜的一個線索。化學藥劑噴灑、機械栽培和其他控制方式不太管用，不過，後來研究者試著引進在歐洲吃這種植物的昆蟲。目前已釋出幾種根象鼻蟲和吃葉子的甲蟲進行生物控制，效果良好。截至現在，那些昆蟲似乎不會吃原生植物，不過引入外來種以控制外來種，還是有其風險。

單一植株的千屈菜一季就能產生二百五十萬粒種子。這些種子在萌發前可以存活二十年。

誰是它親戚

紫薇（crape myrtle）和有著像倒掛金鐘（fuchsia）花朵的克非亞草屬（cuphea）植物，都是千屈菜的親戚。

大規模毀滅性野草

　　有些植物就是有辦法占領一切。他們使出讓競爭者窒息、奪走它們的食物，甚至將有毒物質釋入地中以趕走競爭者等手段，且毫不以為恥。這些植物不只有侵略性，還會行兇。

水王孫 Hydrilla

學名： *Hydrilla verticillata*

　　淡水水生植物，1960年代從亞洲遷徙到佛羅里達，迅速在湖

泊河川馴化，長下牢固的根，每天向上長一吋，直到水面。有些植株甚至可達二十五呎長。水王孫有向光性，因此植物到達水面後，就會形成厚厚的一片植物覆蓋，悶死水生生物，阻礙行船。水王孫蔓延處，水流停滯，有利蚊子繁殖。水王孫常見於美國各地溫暖的淡水水域，即使最小的裂片也能繁殖，因此幾乎無法根除。一位科學家用皰疹來比喻水王孫，說：「一旦染上了，就終生害病。」

菟絲子 Dodder

學名： *Cuscuta* spp.

美國農業部將菟絲子屬的大部分植種都納入聯邦檢疫雜草名單（federal noxious weed list）上。這種寄生植物看似來吸取地球植物生命的外星生物，而且事實與之相去不遠。看似沒有葉片的長莖帶著橙色、粉紅、紅、黃這些異樣的顏色（菟絲子的確有類似葉片的東西，但其實只是小到幾乎看不到的鱗片）。菟絲子光合作用的能力很差，所以需要從其他植物得到養分。當種子發芽後，幼莖就會向可能有寄主植物的方向生長。實驗室的研究證實，即使附近沒有植物存在，菟絲子還是會向有植物氣味的地方蔓延，顯示菟絲子的確擁有類似動物的嗅覺。

菟絲子一旦找到寄主植物，就會包裹住受害者，將細小的菌狀結構注入其中，吸取植物的養分。一株菟絲子能侵害數棵植物，同時吸取它們的營養，最後殺死它們。一片蓋滿菟絲子的田野，看起來就像受到噴罐彩絲攻擊一樣。

紫香附 Purple Nutsedge

學名： *Cyperus rotundus*

　　許多專家視之為最糟的陸生雜草。分布於全球的溫帶氣候區，蔓延迅速，排擠原生植物，甚至入侵農田。犁田時會切開紫香附地下的塊莖，每塊塊莖都能長出更多植株，反而促進其生長。不過紫香附還會將毒性物質釋放到土壤中，殺死競爭者，因此更為惡毒。放任紫香附生長的園藝家，會發現紫香附不但接管了土地，還毒害其他植物。

巨槐葉蘋 Giant Salvinia

學名： *Salvinia molesta*

　　這種自由漂浮的水生蕨類每兩天就能讓族群加倍，在水面形成三呎厚的緻密糾結。面積最大的其中一片感染範圍廣達九十六平方哩，十分驚人。巨槐葉蘋見於美國南部各地的淡水湖泊、濕地和溪流，在養分豐富的水中生長旺盛，因此帶著肥料的逕流水或受汙水處理廠廢水汙染的水體，巨槐葉蘋特別茂盛。

絞殺榕 Strangler Figs

學名： *Ficus aurea*

　　以其極度不友善的習慣聞名，會纏繞在另一棵樹上，將之絞勒而死。種子藉由鳥媒，時常在另一棵樹高高的樹冠中發芽。之後強韌的木質根部開始包住寄主樹，伸向地面。有時樹根會完全纏住寄主的樹幹，寄主死去時，留下空掉的內部，讓絞殺榕看起

來像一根巨大的吸管。

　　絞殺榕雖然非常恐怖，一般卻不視為入侵種，而是在生態系中有自己生態棲位的植物學奇趣。

**　　　　　菟絲子一旦找到寄主植物，就會包裹**
**　　　　住受害者，將細小的菌狀結構注入其**
**　　　　中，吸取植物的養分。**

毒鼠子 Ratbane

學名：*Dichapetalum cymosum* or *D. toxicarium*
科名：毒鼠子科（Dichapetalaceae）
生育環境：熱帶及亞熱帶地區
原生地：非洲
俗名：poison leaf（毒葉木）、rat poison plant（毒鼠木）

　　有幾種植物會產生氟乙酸鈉（sodium fluoroacetate）這種致命的毒素，不過最有名的來源是西非的兩種開花樹木，*Dichapetalum cymosum* 和 *D. toxicarium*。地理分布使這些樹木最初沒造成什麼威脅，但1940年代，科學家發現可以由它們萃取出毒素，製造出能控制老鼠和郊狼等掠食動物的有效化學藥劑。

　　氟乙酸鈉無臭無味，只要微量就能殺死一隻哺乳類動物。受害者數小時內便會死亡，之前通常出現嘔吐、抽搐、心律不整和呼吸衰竭的症狀。倖存者的重要器官可能受到永久損害。毒素會殘留在體內；別的動物吃了中毒的動物，毒素便可能毒害其餘的食物鏈。因此殺鼠劑有時被稱為「殺個不停的毒藥」。

　　氟乙酸鈉又稱1080號化合物（Compound 1080），在1972年前一直斷斷續續地使用，該年才由美國環保署（U.S. Environmental Protection Agency, EPA）禁止，同時禁止的包括氰化鈉（sodium cyanide）和番木虌鹼（strychnine）。不過，環保署後來允許美國農業部繼續用在家畜保護項圈，項圈中含有十五毫升的1080號化合物，可以圍在綿羊和牛隻脖子上。郊狼咬向牛羊咽喉時，即會吃下致命劑量的毒藥。

用這種化學物質控制掠食者的爭議很大。一些環保人士主張，把那麼強的毒藥綁在牲畜身上，可能會意外毒害魚、鳥和水源。紐西蘭為了殺死入侵種的老鼠和負鼠，在空中噴灑藥劑，因此激起反對這種無差別殺手的激進分子疾呼抗議。

2004年，一個神祕的連續殺手用氟乙酸鈉殺害了巴西聖保羅動物園（São Paulo Zoo）的數十隻動物，氟乙酸鈉因此引起大眾注目。動物的食物和飲水中都找不到毒藥，可見殺手非常老練，且能接觸到動物。動物園職員匆促地提出安全措施，期間駱駝、豪豬、黑猩猩和大象卻接連死亡。巴西雖然禁用氟乙酸鈉，兇手卻設法私運進去，造成可怕的破壞。

2006年，伊拉克研究小組（Iraq Study Group）報告中披露，聯合部隊發現儲藏的一堆化學藥劑，其中有玻璃罐裝的1080號化合物，藥品製造商位於美國阿拉巴馬州的牛津市；不過這則消息並未引起廣泛注意。海珊（Saddam Hussein）是怎麼得到這些藥品，而他又計畫怎麼使用呢？奧勒岡州的民主黨議員彼得．迪法吉奧（Peter DeFazio）不太確定，但認為這種物質作為化學武器的危險性，大於牲畜控制的效用。新聞報導指出，美國環保署告訴他，他們只會依美國國土安全部（U.S. Department of Homeland Security）的建議禁用這種化學物質；國安部則告訴他，他們不會

建議禁用任何特定化學物質。他提出禁用氟乙酸鈉的議案，這議
案卻在委員會上胎死腹中。

> 毒素會殘留在體內；別的動物吃了中
> 毒的動物，毒素便可能毒害其餘的食
> 物鏈。因此殺鼠劑有時被稱為「殺不
> 停的毒藥」。

誰是它親戚

　　毒鼠子和少數幾種非洲和南美的開花樹木、灌木有親戚關
係，包括*Tapura*及*Stephanopodium*這二屬的植物。

雞母珠 Rosary Pea

學名：*Abrus precatorius*

科名：豆科（Fabaceae）

生育環境：乾燥土壤、低海拔、熱帶氣候

原生地：熱帶非洲及亞洲；在全球熱帶及亞熱帶區域馴化

俗名：紅珠木、相思子（jequirity bean）、precatory bean（祈禱豆）、deadly crab's eye（死蟹眼）、ruti（魯提）、Indian licorice（印地安甘草）、weather plant（氣象藤）

1908年的《華盛頓郵報》寫道：「未來世界裡，有種常見的熱帶植物將扮演著預測氣象的重要角色。」這種植物就是雞母珠，而維也納的弗里蘭男爵（Baron de Fridland）約瑟夫‧諾瓦克（Joseph Nowack）博士，正是它不屈不撓的推廣者。男爵計畫在世界各地建立植物氣象站，種植這種神祕的熱帶藤本植物，並細心解讀氣象模式。如果羽狀葉往上指，代表的是好天氣；如果往下指，就是雷雨要來了。

諾瓦克男爵一直沒能證明他的理論，也沒有建立氣象站，但他的確讓大眾注意到這種世界級的致命種子。

雞母珠的藤蔓鑽過熱帶叢林，將它細瘦的莖纏在樹木和灌木上。成熟植株有強韌的木質莖部提供支撐，讓藤蔓爬上十至十五

呎高處。淡紫羅蘭色的花朵聚生於莖上，之後長出果莢，果莢裡包著閃亮劇毒的寶石。

晶亮的種子呈鮮紅色，種臍處（即種子和果莢相連處）有塊黑色圓點。顏色、大小都和瓢蟲相近，因此成為做珠寶的熱門珠子。

不過這些種子也很毒，單單一粒完全嚼碎，就能殺死一個人。其實珠寶製造者在堅硬的外核上打洞、將線穿過種子的時候，是冒著風險的；有少量雞母珠種子粉塵的地方，只要手指被針戳一下，就可能致命，而吸進粉塵也很危險。

雞母珠種子裡的毒性來自雞母珠毒素，這種毒素類似蓖麻子裡的蓖麻毒素。雞母珠毒蛋白會附著在細胞膜上，阻止細胞產生蛋白，使細胞因此死亡。症狀幾小時至幾天後才會顯現，屆時倒楣的受害者會被噁心、嘔吐、腹部絞痛、失去方向感、痙攣、肝衰竭這些症狀圍攻，並在幾天後死亡。不幸的是，幼童容易受這些鮮豔的種子吸引。一位印度醫生警告，這種相思子會「用吻奪走孩子性命」。

誰是它親戚

黑種相思子（*Abrus melanospermus*）和毛雞骨草（*A. mollis*）據知具有療效，尤其能治療皮膚傷口和蚊蟲咬傷，不過目前對二者的毒性依然了解不足。

可怕的漆屬植物

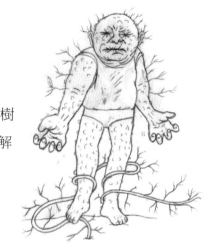

　　美國南方各州幾乎都有毒漆藤、櫟葉漆樹和毒漆樹的蹤影。不過大部分的人其實不了解漆屬植物究竟有多邪惡。

毒漆藤 Poison Ivy
學名：*Taxicodendron radicans*

毒櫟樹 Poison Oak
學名：*Taxicodendron diversilobum* 及其他

毒漆樹 Poison Sumac
學名：*Toxicodendron vernix*

　　毒漆藤的英文俗名裡雖然有常春藤（ivy）這個字，卻不是常春藤。而毒櫟樹也和櫟樹無關。毒漆樹和漆樹毫無瓜葛。喔，對了，這些植物都沒有毒。

　　這三種植物產生的漆酚（urushiol）這種油狀物並不是有毒物質，大部分人卻恰巧對它過敏。說來奇怪，人類之外的生物接觸漆酚都不會產生不良反應。誰也不知道這些植物特殊的攻擊為

什麼只針對人類。漆酚造成過敏反應，使免疫系統故障，攻擊無害的物質，就像唐吉訶德對抗風車一樣，而每次接觸會比前一次慘。免疫反應愈來愈強，因此每次重複接觸的反應會愈來愈糟。

約有百分之十五至二十五的人口完全不對漆屬植物過敏，永遠不會產生反應。另一小部分的人要長時間直接接觸，才會發紅疹。然而，不幸的約有一半的人掃到這類植物就會發作，其中有些人過敏太嚴重，甚至需要送醫。植物學家和醫生稱之為「極度敏感」。

對毒漆藤、毒櫟樹和毒漆樹過敏時，會長出難受又滲水的疹子。油狀物可能殘留在睡袋、衣物和可愛小狗的毛皮上，發現接觸到什麼的時候，可能為時已晚。數天後才會長出疹子，之後的反應可能持續二、三星期。洗燕麥浴有時能舒緩，嚴重者可能須注射類固醇，不過大部分受害者是靜待反應過去。幸而過敏反應不會傳染。痛苦可能會讓你被趕到沙發上，卻不會傳染給其他人。

即使最普通的毒漆藤和毒櫟樹都很難辨識。露營的人可以用一個簡單的方法辨別含有漆酚的植物：將一張白紙小心地包在植物的莖或葉上，壓碎植物（絕不可接觸到植物）。如果植物中含有漆酚，紙上很快就會出現褐色的痕跡，幾小時內就會變成黑色。

對毒漆藤、毒櫟樹或毒漆樹過敏的人，很可能也對它們的親戚過敏，如：

腰果 Cashew Tree

學名：*Anacardium occidentale*

腰果在通風處蒸過後，吃下去才安全無虞。植株中的油狀

物，包括堅果掛著的果實（俗稱腰果「蘋果」）都可能使過敏發作，完全像碰到毒櫟樹的反應。

芒果樹 Mango Tree

學名：*Mangifera indica*

除了果實內部之外，全株都會產生一種揮發性的油狀物。經歷過嚴重毒漆藤過敏的人，可能對果皮或芒果樹的其他部分極度敏感。

漆樹 Lacquer Tree

學名：*Toxicodendron vernicifluum*

數世紀以來，都用於製造膠漆和清漆，卻非常難處理，對工人而言很危險。即使古墓中的漆都可能讓人起疹子。

經歷過嚴重毒漆藤過敏的人，可能對果皮或芒果樹的其他部分極度敏感。

蘇鐵 Sago Palm

學名：*Cycas* spp.
科名：蘇鐵科（Cycadaceae）
生育環境：熱帶，有時在沙漠環境
原生地：東南亞、太平洋群島、澳洲
俗名：鐵樹、鳳尾蕉、false sago（偽西米）、fern palm（蕨棕櫚）、cycad[7]（蘇鐵）

　　美國佛羅里達州到加州的園藝家都知道蘇鐵。這是種生長緩慢的堅韌樹木，常用作景觀中的特色植物。最常見的品種蘇鐵（*Cycas revoluta*）是熱門的室內盆栽，常見於植物園的溫室。大多數人並不知道，蘇鐵全株（尤其葉片和種子）含有致癌物質和神經毒素。不時有寵物啃咬葉片而中毒。而蘇鐵也是不少人類中毒案例的原因。

　　最著名的中毒事件發生在關島。當地人會用其親戚偽西米棕櫚（false sago palm，即旋葉蘇鐵〔*C. circinalis*〕）的種子做成粉。傳統的方式是把種子浸泡在水裡，將毒素溶洗出來，但第二次世界大戰時食物短缺，種子沒經過適當處理，就被拿來吃了。有毒

---

7 字源為非洲棕櫚之意。

物質也在蝙蝠體內發現，而蝙蝠正是關島人眼中的珍饈。戰時食物短缺，加上派駐那兒的軍事人員有槍，因此蝙蝠在當時被獵殺、食用的情況更常見。

今日的科學家認為，這種情況造成了戰後該島出現ALS（肌萎縮性脊椎側索硬化症〔amyotrophic lateral sclerosis〕）的神祕變異。這種特殊的ALS包括ALS常見的神經退化，帕金森氏症的顫抖，還有類似阿茲海默氏症的一些症狀。醫學專家將這種症候群命名為關島症（Guam disease），之後便束手無策地看著關島症成為島上原住民成人的主要死因。戰爭期間待過島上的英國老兵和戰俘，在那之後得到帕金森氏症的比例也高得異常。島上的生活水準改善之後，大家吃的食物受西方的影響增加，而該症候群就這麼消失無蹤了。

美國防止虐待動物協會（the American Society for the Prevention of Cruelty to Animals）證實蘇鐵是寵物可能碰到最毒的植物之一。只要幾粒種子，就能引起牠們的腸胃問題、痙攣、肝臟永久受損，甚至死亡。蘇鐵對好奇而啃咬葉片或植株基部的狗傷害最大。而蘇鐵雖然英文俗名中有棕櫚（palm）這個字，卻不是棕櫚樹，而是裸子植物，因此和針葉樹一樣會產生種毬。

誰是它親戚

蘇鐵屬是蘇鐵科裡唯一的一個屬。有些種類很稀有，在收藏家之間很搶手。這些植物非常古老；有些曾出現在六千五百萬年前的化石記錄中。

害死寵物的
一千種方法

　　有些動物很聰明，會避開對牠們不好的植物，但你的寵物這麼聰明的機率有多高？無聊或關太久的寵物，可能忍不住齧咬這些常見的植物。美國防止虐待動物協會的毒物控制中心，每年都接到近一萬通和植物中毒有關的電話。除了蘇鐵，下列任何植物也可能帶給飼主的心肝寶貝痛苦症狀——嘔吐、腹瀉，有些甚至能致命。其他不良影響如下：

蘆薈 Aloe

學名：_Aloe vera_

　　能治療灼傷和擦傷，但植物中的皂苷（saponin）卻可能造成痙攣、麻痺，還有口腔、喉嚨和消化道嚴重發炎。

水仙 Daffodil

學名：*Narcissus* spp.

鬱金香 Tulip

學名：*Tulipa* spp.

　　球根含有多種毒素，可能造成嚴重流涎、憂鬱、顫抖和心臟問題。球根肥料是牛骨粉做的，氣味對一些狗而言太誘人，牠們會去挖剛種好的花床，嚼完幾顆球根，才發現犯下大錯。

黛粉葉 Dieffenbachia

學名：*Dieffenbachia* spp.

　　常見的室內盆栽，又稱啞甘蔗。含有草酸鈣結晶，可能灼傷口腔，造成流涎、舌頭腫脹，甚至可能使腎臟受損。

長壽花 Kalanchoe

學名：*Kalanchoe blossfeldiana*

　　肉質葉，花朵是鮮豔的紅色、黃色或粉紅，常當室內開花植物販售。含有一種強心類固醇，蟾二烯羥酸內酯（bufadienolide），可能使心臟受損。

百合 Lilies

學名：*Lilium* spp.

　　百合植物全株對貓都有毒，二十四至四十八小時內就會造成腎衰竭或死亡。把一盆麝香百合帶進屋之前，務必三思，百合在

內的花卉都應該放在長著鬍鬚的朋友碰不到的地方。

大麻 Marijuana
學名：*Cannabis sativa*

　　大麻可能抑制寵物的神經系統，造成抽搐和昏迷。如果必須把飄飄欲仙的寵物帶去治療，請據實以告，讓寵物得到正確的照料。別擔心，「是我室友的」這種說法，獸醫已經聽慣了。

南天竹 Nandina
學名：*Nandina domestica*

　　這種觀賞性的灌木又稱天竹（heavenly bamboo），會產生氰化物，造成痙攣、昏迷、呼吸衰竭和死亡。

百合植物全株對貓都有毒，二十四至
四十八小時內就會造成腎衰竭或死亡。

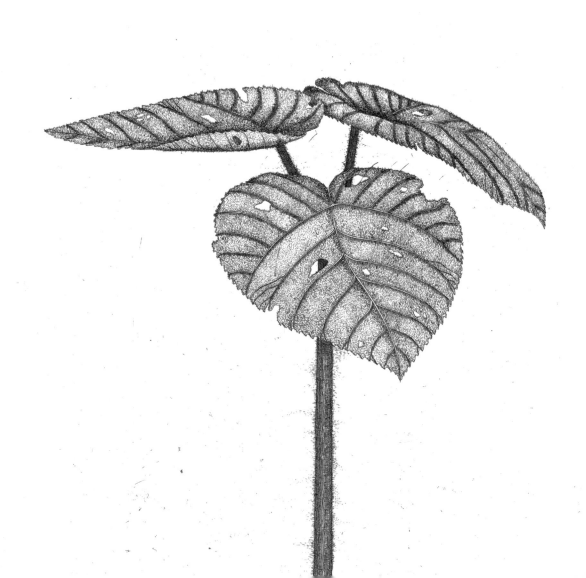

刺人樹 Stinging Tree

學名：*Dendrocnide moroides*

科名：蕁麻科（Urticaceae）

生育環境：雨林，尤其在受干擾地區、深谷或坡地

原生地：澳洲

俗名：gympie gympie（劇痛樹）、moonlighter（晚上兼差者）、stinger（刺樹）、mulberry-leaved stinger（桑葉刺樹）

　　這種小型的帶刺樹木，人稱澳洲最可怕的樹。樹高七呎，誘人的花朵成簇，類似懸鉤子。每一吋的莖都覆滿類似桃子絨毛的細緻矽毛，毛中有惡毒的神經毒素。光是擦過刺人樹，就會引起難受的痛苦，還可能持續一年。在一些案例中，痛覺引發的劇烈驚嚇，甚至導致心臟病。

　　矽毛本身非常微小，因此能輕易穿透皮膚，幾乎無法拔除。矽不會分解到血液中，毒素則出乎意料地強烈、安定，甚至乾燥舊標本中的毒素依然有效。數個月之後，接觸極高溫或極低溫，甚至只是碰到皮膚，也能讓痛覺甦醒。即使只是走過有刺人樹的森林，也有危險。刺人樹的細毛時常脫落，經過的人有可能吸入細毛，或讓細毛飄入眼睛。

　　一名士兵記得1941年他受訓時，被刺人樹螫過。他跌到刺人樹

上，全身都接觸到了，後來被綁在醫院病床上，一連三週身陷人間煉獄。另一名軍官被螫得太厲害了，只好自殺以求解脫。受害者不只人類——報紙統計十九世紀以來的案例，其中包括一些馬匹被螫而身亡的例子。

建議徒步穿過澳洲雨林的人，睜大眼睛注意這種植物，它能輕易穿透大部分的衣物。常見的療法是用除毛蠟，將刺人樹的螫毛和你的體毛一起拔除。而專家建議治療之前，先喝一份威士忌。

> **光是擦過刺人樹，就會引起難受的痛苦，還可能持續一年。在一些案例中，痛覺引發的劇烈驚嚇，甚至導致心臟病。**

誰是它親戚

刺人樹是蕁麻科的植物，而同屬的植物中最讓人痛苦的據信就是這種刺人樹（*Dendrocnide moroides*）。另外，*D. excelsa*、*D. cordifolia*、*D. subclausa* 和 *D. photinophylla*，也有人稱它們為刺人樹。

遇見蕁麻

　　蕁麻上細緻的小毛能給人多大的痛苦？這些精緻的毛狀體作用如同注射針，擦過植物時，就將毒液注進你皮膚內。蕁麻疹（urticaria）這種嚴重而疼痛的疹子，原名就是取自蕁麻的拉丁文，*urtica*。

　　不少讓人疼痛的植物，俗名都稱為蕁麻，但真正的蕁麻是屬於蕁麻科（Urticaceae）的植物，通常是多年生草本，藉著地下的根狀莖散布，在北美、歐洲、亞洲和非洲部分地區恣意生長。蕁麻的螫刺含有數種物質，包括一種叫酒石酸（tartaric acid）的肌肉毒素，和草酸（oxalic acid）；不少蔬果中都含有草酸，可能刺激胃部。而蕁麻也有微量蜜蜂和螞蟻叮咬時的蟻酸。

　　幸好被蕁麻螫到，有個解毒偏方——蕁麻汁。沒錯。壓碎葉片的汁液據說可以抵消螫到的酸性。酸模屬的野生植物（dock）常生長在蕁麻附近，也能舒緩蕁麻的螫痛，而酸模屬植物的葉片可沒有尖銳有毒的刺。這些偏方的效用證據不足，不過專家同意，忙著尋找酸模屬植物，可能轉移注意力，讓人忽略痛苦。

　　蕁麻的相關消息不全是壞的一面；蕁麻的幼莖煮過去除細毛

後，就是一道營養豐富的春日佳餚。而受風濕所苦的人，會刻意讓蕁麻螫，以緩解關節痛。這種刻意用蕁麻拍打自己的行為，甚至有個名字，叫蕁麻拍打法（urtication）。

異株蕁麻 Stinging Nettle
學名：*Urtica dioica*

　　最著名的蕁麻，分布遍及美國和北歐所有它能找到潮濕土壤之處。為多年生草本植物，夏季可高達三呎，冬天地上部則枯死。

歐蕁麻 Dwarf Nettle
學名：*Urtica urens*

　　一年生的低矮草本，有些人認為是美國最讓人痛苦的植物，亦稱小蕁麻（lesser nettle）或灼痛蕁麻（burning nettle）。生長於歐洲大部分區域和北美。

木蕁麻，毛利語稱翁加翁加 Tree Nettle or Ongaonga
學名：*Urtica ferox*

　　紐西蘭最讓人痛苦的植物之一，會造成持續數日的疹子、水泡和強烈的刺痛感。有報告指出，狗和馬全身接觸木蕁麻，可能致死。致死原因可能是全身性過敏反應，導致過敏性休克。

蕁麻樹 Nettle Tree

學名：*Urera baccifera*

　　見於墨西哥至巴西的南美地區。民俗植物學家的報告指出，厄瓜多亞馬遜叢林的舒爾族（Shuar）會用螫人的葉子處罰不乖的小孩。

咬人狗 Tree Nettle

學名：*Laportea* spp.

　　生長於亞洲、澳洲的熱帶和亞熱帶地區。咬人狗和大部分蕁麻不同，螫刺造成的效應可能維持幾星期、幾個月，並造成呼吸問題。即便是拔下來數世紀的乾燥的古老葉子，也能造成傷害。

番木鱉 Strychnine Tree

學名：*Strychnos nux-vomica*
科名：馬錢科（Loganiaceae）
生育環境：熱帶及亞熱帶氣候；偏好開闊、陽光充足處
原生地：東南亞
俗名：番木鱉、nux-vomica（馬錢子）、vomit nut（嘔吐果）、
quaker button（桂格扣）

　　湯瑪士・尼爾・克林姆（Thomas Neill Cream）醫生是十九世紀的連續殺人兇手，他很愛用番木鱉，也就是一種五十呎高樹木的種子。這些種子用來殺齧齒動物和其他家庭寵物很有效（番木鱉也可用作毒鼠藥），而克林姆發現，在煩人的配偶和愛人身上也很適用。

　　他在加拿大因為讓女人懷孕，而在槍口下被迫結婚；這也就是他開始犯案之處。他在結婚後立刻溜走，後來又回到加拿大。他回去後不久，女方就離奇死亡。他在醫學院有了段情事，最後那個年輕女子也死了。

　　之後，他在芝加哥開業。那時有個男人因番木鱉中毒而死，其妻不願自己坐牢，於是抖出毒藥是克林姆醫生給的。

　　不過他並未善罷干休。十年後，克林姆出獄，替倫敦不幸的

年輕女子提供醫療服務，而她們的死常被歸咎於酒精中毒等其他慢性問題。但她們真正的死因，其實是他在她們的飲料中攙入了番木虌粉末。克林姆醫生以他犯下的案子自豪，吹噓他的成果，因而被捕。他在四十二歲時受審定罪，施以絞刑。

番木虌中的番木虌鹼會控制神經系統，打開一個開關，造成一股無法停止的痛覺信號。神經系統的激動狀態無法阻止，全身肌肉因此劇烈抽搐，引發背痛和呼吸困難，受害者最後因呼吸衰竭或精疲力竭而死。這些症狀在半小時內就會出現，而死亡會在痛苦的幾小時之後降臨。最後死者的臉會呈現僵硬、驚駭的微笑。

傳說番木虌鹼屬於抗性可以漸漸增加的毒藥。希臘國王米特里達提（Mithridates）據信對番木虌鹼在內的一大堆毒藥都培養出抗性，因此有一回敵人偷襲他時，仍能逃過一劫。他會先讓囚犯試試藥劑，自己再服用；A・E・霍斯曼（A. E. Housman）依據這個傳說，寫了以下的詩句：

> 他們在他杯裡倒進番木虌，
> 看他一飲而盡卻嚇得打顫；
> 他們打著顫，臉蒼白如上衣，
> 他們下的毒只傷到自己。
> ——這就是我聽別人說的故事。
> 米特里達提高齡才過世。

大仲馬（Alexandre Dumas）在《基度山恩仇記》（*The Count of Monte Cristo*）中，寫到番木鱉中的另一種毒素，馬錢子鹼（brucine），暗示逐次服用微量，就能漸漸產生抗性，「將近一個月時，你就能殺死和你同飲一瓶水的人，自己毫無所覺，只不過有點麻煩——水裡要攙進有毒物質」。

誰是它親戚

毒馬錢（*Strychnos toxifera*）的樹皮煮爛後，可製造箭毒。飲料番木鱉（*S. potatorum*）在印度用以淨化水，可殺死有害微生物。

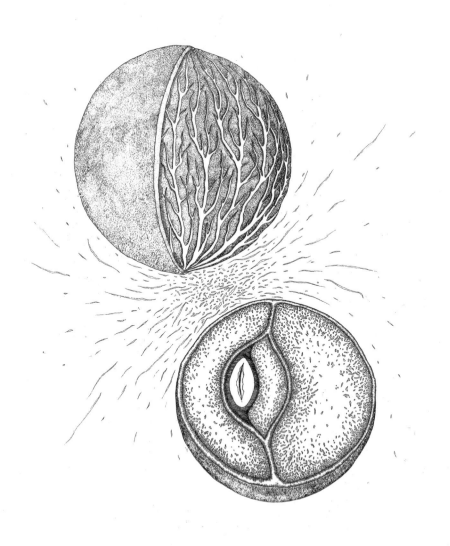

白花海芒果
Suicide Tree

學名：*Cerbera odollam*
科名：夾竹桃科（Apocynaceae）
生育環境：印度南部及東南亞地區的紅樹林沼澤及河岸
原生地：印度
俗名：othalanga maram（歐沙蘭加‧馬蘭）、kattu aralia（卡圖‧阿拉里亞）、famentana（法門塔納）、kisopo（基索波）、samanta（沙門塔）、tangena（坦捷納）、pong-pong（彭彭）、butabuta（布塔布塔）、nyan（尼昂）

　　印度西南岸喀拉拉（Kerala）荒涼而潮濕苦鹹的潟湖，住著獅尾猴（lion-tailed macaque）、馬拉巴巨松鼠（Malabar giant squirrel）和一種個子小卻結實的尼爾吉里塔爾羊（Nilgiri tahr）。低淺的水道裡有蝮蛇、巨蟒、鰻鯰（stinging catfish），還長了白花海芒果。葉片窄而深綠，很像其親戚洋夾竹桃（common oleander）的葉子。叢生的星狀白花散發著甜如茉莉的芬芳。飽滿的綠色果實很像未成熟的小芒果，只不過裡面隱藏著壞心的驚喜——種子的白色果肉含有強心配糖體，足以讓人在三到六小時內

停止心跳。

當地民眾深諳這種強效的自然資源，喀拉拉邦的自殺率是印度平均值的三倍，每天約有一百個喀拉拉人企圖自殺，二十五至三十人成功。服毒是很熱門的方式，百分之四十的憂鬱患者偏好服毒。女性尤其喜歡將壓碎的白花海芒果堅果和棕櫚汁液製成的粗糖混合做點心，當作她們的最後一餐。不過，當地用椰子盛米飯食用的一種咖哩，也很容易蓋去堅果的苦味。

白花海芒果中毒的症狀和心臟病很像，因此白花海芒果的種子也被用作殺人的工具。2004年，一組法國和印度的科學家進行液相層析和質譜儀分析，證實許多離奇死亡的人，其實是被認識的兇手餵了白花海芒果的種子。

海檬果屬的拉丁文*Cerbera*來自Cerberus，是希臘神話中冥王黑帝斯（Hades）的地獄犬，有三個頭，尾巴是蛇，十分兇惡，看管著通往地獄的門，讓死者永遠困在門內，同時不讓活人進入，但卻有人藉此自殺，白花海芒果因而又稱自殺樹。

負責法醫報告的那些科學家寫道：「據我們所知，世上沒有植物奪走的自殺者生命比白花海芒果多。」

誰是它親戚

白花海芒果是有毒的洋夾竹桃的近親。海檬果的花很像緬梔。雖然海檬果屬的所有樹木、灌木都帶著芳香，外表迷人，卻還是會殺人。即使燃燒其木材時冒的煙，也有危險。

肉食植物

　　吃肉的植物很懂得如何盡量利
用劣勢。這類植物多生長於養分缺乏
的沼澤、濕地，必須發明別出心裁的辦法捕食生物當晚餐。

狸藻 Bladderworts

學名：*Utricularia* spp.

　　這種細小的植物生長在潮濕土壤或水中，觸毛被觸動時，就
會將昆蟲和水吸進泡泡狀的陷阱中。陷阱約在三十分鐘內會恢復
原狀，狸藻因此顯得像貪得無厭的植物。有些植種的狸藻大到能
吃孑孓和蝌蚪。

捕蟲菫 Butterworts

學名：*Pinguicula* spp.

　　貌似紫羅蘭的小花掩飾了捕蟲菫肉食的天性。葉片會分泌滑
溜的液體，將果蠅、蚊蚋誘向死亡。葉片分泌的消化酵素會分解
昆蟲屍體，在植物四周留下空空的殘骸。

捕蠅草 Venus Flytraps

這或許是大家最熟悉的肉食植物，也是容易種植的室內盆栽。陷阱葉片平時敞開，分泌出甜甜的蜜汁吸引昆蟲。一旦有蒼蠅遊蕩到葉子間，陷阱就會猛然閉合。這時葉片中的腺體開始釋出消化液，淹死沒救的昆蟲。捕蠅草可能花一星期以上的時間消化獵物，一生中只吃幾隻蟲子。雖然用手指摸過捕蠅草，能迫使它閉起，但熱愛肉食植物的人認為這種行為很不禮貌。

囊葉植物 Pitcher Plants

學名：*Nepenthes* spp., *Sarracenia* spp.

囊葉植物是肉食植物中最招搖的一員，植株可高達一呎，長出美麗奇異的花朵。美國人認得出原生的瓶子草科（Sarraceniaceae）植物，其中有數種高大瓶狀的沼澤植物帶著顯眼的紅白斑紋。昆蟲受囊葉植物瓶狀部位分泌的蜜汁吸引，闖入其中，便淹死在下半部盛著的消化液裡。囊葉植物有時會當室內盆栽栽種；如果解剖吃得很好的植株，縱向切開喇叭形的葉片，就會看到一堆死蒼蠅的大墳場。

豬籠草屬（*Nepenthes*）的植物也稱為囊葉植物，但機制不太一樣。豬籠草常見於印尼婆羅洲的叢林中，東南亞各地也有分布。植株長出類似藤蔓的攀爬莖，和掛在莖上的杯狀花朵，以花朵吸引獵物。有些花朵可裝一夸脫（一點一四公升）的消化液。豬籠草吃的通常是螞蟻和其他小型昆蟲，不過偶爾也會享受更大型的食物。2006年，參觀法國里昂植物園（Jardin Botanique de Lyon）

的遊客抱怨溫室有股噁心的氣味。職員調查之下，發現一大株寶特瓶豬籠草（*Nepenthes truncata*）裡有消化一半的老鼠屍體。

馬兜鈴 Birthworts

學名： *Aristolochia clematitis*

這類爬藤會開奇異的花朵，形狀略似煙斗，因此得到另一個俗名，煙斗藤（Dutchman's pipe）。不過希臘人看它的花朵時，看到的是別的東西——正從產道出生的嬰兒。當時植物常用來治療形狀最類似的身體部位問題，馬兜鈴因此給難產的婦女使用，然而這種藤蔓不但含有劇毒，還會致癌，害死的女性顯然比幫助的女性多。

馬兜鈴會將蒼蠅誘進氣味強烈的黏性花朵中，但只會將蒼蠅困住一陣子，確保牠們全身覆滿花粉。之後黏液毛縮起，釋放蒼蠅，好讓牠們去別的植株傳粉。

> **豬籠草吃的通常是螞蟻和其他小型昆蟲，不過偶爾也會享受更大的食物。**

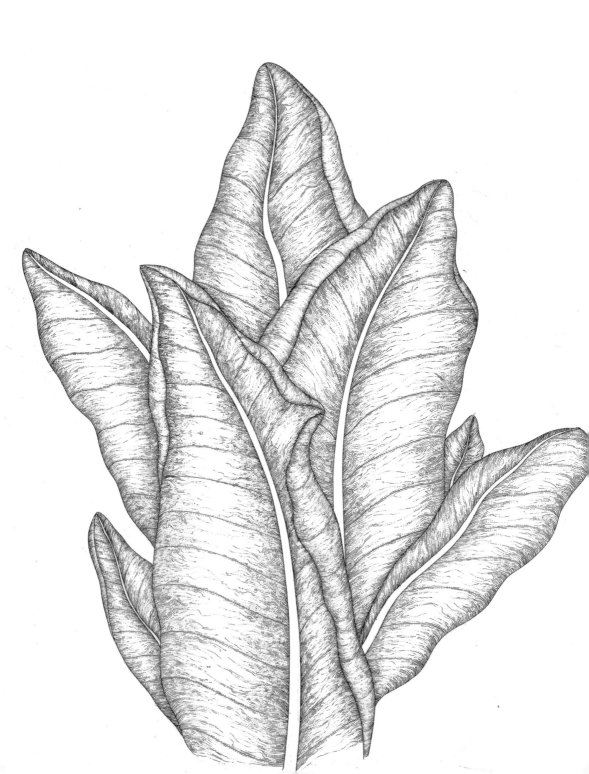

菸草 Tobacco

學名：*Nicotiana tabacum*

科名：茄科（Solanaceae）

生育環境：溫暖的熱帶和亞熱帶，冬天溫和的地區

原生地：南美

俗名：紅花菸草、henbane of Peru（祕魯天仙子）

　　這種植物的葉片太惡毒，奪走了全球九千萬人的性命；其毒性太厲害了，只要皮膚接觸就能殺人；又太容易上癮，使得對美國原住民的戰爭火上加油；也太強大了，因此造成美國南部的奴隸制度；而且太有賺頭，因此產生了價值逾三千億美元的全球工業。

　　這種投機取巧的小植物含有一種生物鹼——尼古丁——具有驅蟲的效用。以植物的角度來看，尼古丁具有更有用的功能——很容易上癮，使得人類大量栽植菸草。現今菸草在全球占了九百八十萬英畝的土地，每年持續奪走五百萬人的性命，堪稱世上最厲害、最致命的植物。每天全球約有十三億人把這種植物夾在他們顫抖的手指間。

　　菸草的栽植源於西元前5000年的美洲。證據顯示，美洲原住民二千年前就會吸菸草葉，但直到歐洲人到達美洲，發現使用菸草的方式，才傳布到世界其餘地方。不到一世紀，菸草就散布到印

度、日本、非洲、中國、歐洲和中東。菸草葉本身，和之後證明菸草收穫的「菸草票」（tobacco notes）在維吉尼亞州曾是合法的貨幣。美國的奴隸貿易就是源於需要更多勞力採收有利可圖的菸草。以前的人不只吸菸草，還相信它能治好偏頭痛、防止瘟疫；說來諷刺，他們還相信菸草能治咳嗽和癌症。

但即使在早期，也不是人人都喜歡吸菸草。1604年，英王詹姆斯一世（King James I）說菸草「很討厭」，並說它「會傷害腦子，對肺很危險」。其後四百年，他的話一再得到證實，但菸草的用量有增無減。

尼古丁是強烈的神經毒，因此用於殺蟲劑的成分之一。吃下葉片的害處比吸菸還嚴重，因為香菸在燃燒時，已經破壞了大量尼古丁。只要嚼食幾片菸葉，或用菸葉泡茶，就能迅速造成胃痛、盜汗、呼吸困難、嚴重無力、抽搐，甚至死亡。長時間皮膚接觸也可能有危險——野外的工人必須在夏天走過濕潤的菸草植株之間，因此會得到「綠菸草病」（green tobacco sickness）這種職業傷害。

尼古丁不是這一屬的植物唯一的武器。粉藍菸草（*N. glauca*），或稱菸草樹（tree tobacco）能長到二十五呎高，廣布於加州，遍及美國西南部。值得注意的是，粉藍菸草中含有另一種有毒的生物鹼——毒藜鹼（anabasine）。只要吃下幾片葉片，就會造成麻痺和死亡。幾年前德州一塊田裡發現一名死去的男子；原先無法判定死因，經過質譜儀分析，才在他的血液中找到菸草的毒素。

菸草雖然會傷人，卻仍能繼續死亡行軍。每年的香菸產量足

以讓全世界的男女老幼人手一根。其他吸食方式包括鼻煙、嚼菸草，傳統的嚼塊則是將菸草和另一種成癮植物檳榔混合。一些阿拉斯加的原住民部落裡，有種叫龐克灰（punk ash，或稱伊奎米克〔iqmik〕的產品）熱門得很，製作方式是將菸草和樺樹上生長的蕈菇燒成的灰混合。有些部落成員相信龐克灰比香菸安全，因為這是「天然」產品，因此不僅孕婦會使用，也會給兒童和在長牙的嬰兒食用。然而其中的尼古丁遠高於香菸，而且蕈菇的灰會讓尼古丁直接送到腦部，因此某些公共衛生官員稱之為「精煉尼古丁」。

印度女性之間，有種乳霜狀物很受歡迎，以牙膏一樣的管狀販售，其中不只含有菸草，還有丁香、綠薄荷和其他可口的成分。製造商建議早晚或「隨時需要」時，就用它來刷牙，包括「絕望或憂鬱」的時候。他們建議「留久一點再漱口」。一位滿意的顧客說，她每天會用八到十次。

誰是它親戚

這種邪惡的草是茄科的一員。比較毒的親戚包括曼陀羅、顛茄和天仙子。

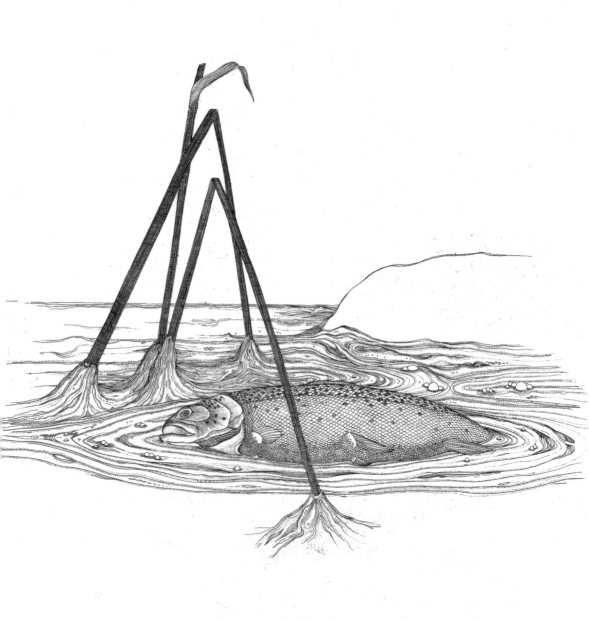

毒藍綠藻
Toxic Blue-Green Algae

學名：_Cyanobacteria_
界名：細菌界（Bacteria）
生育環境：全球鹹水和淡水水域，包括海洋、河流、池塘、湖泊和溪流
原生地：全世界；甚至出現在三十五億年前的化石記錄中
俗名：toxic algae（毒藻）

　　死水上那層類似綠藻的東西其實不是植物，這種特殊形態藻類的分類其實是細菌，不過這種全球可見的綠色生物對人類和動物都是很大的威脅。有些種類的藍綠藻又稱為毒藍綠藻，會突然繁殖，產生「藻華」，將毒素釋放到水中。喝下水或吃了受汙染的魚類，會造成抽搐、嘔吐、發燒、麻痺和死亡。

　　為什麼原來平凡的藻類會產生藻華，釋放毒素呢？科學家還在研究。含有肥料的逕流水給了藻類養分，或許有關。溫暖的溫度和平靜的水流促使藻類生長，而毒素的確較常在夏季氣候溫暖時釋放。

　　在看得到藻類的池塘、湖泊或河中游泳，對健康有極大的風險。藻類釋放的肝毒素（hepatoxin）可造成肝臟衰竭，而神經毒素則造成

麻痺，其他毒素則可能造成類過敏反應，使重要器官受損。

藻類產生的特殊毒素中，有一種軟骨藻酸（domoic acid）可能造成胃腸不適、眩暈、健忘。軟骨藻酸中毒的原因，通常是吃到以特定藻類為食的貝類，這種症候群稱為失憶性貝類中毒（amnesiac shellfish poisoning, ASP），無藥可治，醫生只能盡量緩解患者的症狀，祈禱患者康復。

1988年，巴西的一場藻華害死了八十八個人，讓數千人生病。2007年，有毒的藻華造成海獅和海豹在痙攣中被沖上海岸，生病的動物忙壞了洛杉磯的海洋生物學家。澳洲的幾次爆發害得人和家畜病懨懨。但最惡名昭彰的事件，直到最近才被人發現是怎麼回事。1961年，加州聖克魯茲（Santa Cruz）的居民被鳥類撞向他們家的聲音吵醒。有些當地人拿著手電筒衝出去，發現街上滿是死鳥，生病的海鷗受燈光吸引，直衝向他們。

這個故事引起導演阿弗列德·希區考克（Alfred Hitchcock）的注意，他原先就在考慮根據黛芙妮·杜莫里埃（Daphne du Maurier）的故事，拍一部名為《鳥》（*The Birds*）的電影。希區考克受真實事件鼓舞，於是著手拍片。四十多年之後，科學家才明白這些海鷗的怪異行為，可能是因為有毒藻華讓海鳥吃的鯷魚中了毒。

誰是它親戚

世上的藻類數以千計，其中許多對海洋生物和人類都大有益處。最有名的藍綠藻，鈍頂節旋藻（spirulina, *Arthrospira platensis*），是熱門的營養補充食品。

找掩護！

　　不少植物平時溫和，受到刺激卻
會用力彈出種子，讓種子以危險的速度飛散。要是惹惱了這類
植物，最好走為上策。

　　它們可是會讓你瞎了眼——甚至更糟。

沙盒樹 Sandbox Tree

學名：*Hura crepitans*

　　熱帶樹木，盛產於西印度群島和中南美洲，樹高可達一百
呎，大型葉片呈卵形，花朵是鮮豔的紅色，枝幹帶尖刺。樹液有
強烈腐蝕性，可以毒魚或當箭毒。但最可怕的是它的果實，成熟時
會發出爆裂巨響。有毒的種子可飛到三百呎外，因此得到「炸藥
樹」（dynamite tree）的綽號。

刺金雀花 Gorse

學名：*Ulex europaeus*

　　常見於英格蘭荒地，黃色花朵讓空中充滿香氣，有人認為是

卡士達醬或椰子的味道。刺金雀花（又稱為金雀花或荊豆）原產於歐洲，成為美國部分地區的入侵種，喜歡讓火焰燃燒它乾苦的枝條。火焰會讓果莢爆開，並讓根恢復活力。大熱天坐在刺金雀花附近，可能非常危險——果莢會無預警地爆開，將種子彈入空中，發出像槍響的聲音。

噴瓜 Squirting Cucumber

學名： *Ecballium elaterium*

非常奇特的蔬菜。雖然和黃瓜、節瓜和其他瓜類是同科植物，你卻不會想把它加入菜單中——吞下汁液會導致嘔吐和腹瀉，接觸會導致皮膚刺痛。二吋長的果實以成熟時爆炸而聞名，帶黏性的膠狀汁液和種子會噴到近二十呎外。

橡膠樹 Rubber Tree

學名： *Hevea brasiliensis*

原產於亞馬遜叢林，靠著一群積極的英國植物探險家而到達歐洲。雖然起初看不出黏稠乳汁的用途，1800年代的化學家依然很快就了解，這種物質可以去除鉛筆的筆跡、覆在衣物上防水，而且感謝一位名叫固特異（Goodyear）的美國人做的一些實驗，這種物質還能做輪胎。橡膠樹在野外還有另一個招數——秋天成熟的果實會發出巨大的劈啪聲爆開，將覆滿氰化物的種子散布到四面八方的數碼外。

金縷梅 Witch Hazel

學名： *Hamamelis virginiana*

　　廣受喜愛的北美原生樹木，晚秋綻放黃色的星形花朵。樹皮和葉片可用作治療蚊蟲叮咬或瘀傷的收斂劑。樹枝被人用作探測杖，用以尋找地下水源或礦脈。秋天時，乾燥、褐色，類似橡實的蒴果會爆裂開來，將種子彈到三十呎外。

油杉寄生 Dwarf Mistletoe

學名： *Arceuthobium* spp.

　　和聖誕節熱門的槲寄生是親戚，這種寄生植物會吸取北美和歐洲針葉樹的生命。果實要一年半才會成熟，成熟時，種子會以時速六十哩的驚人速度爆出，快到甚至看不見種子飛過。

秋天成熟的果實會發出巨大的劈啪聲爆開，將覆滿氰化物的種子散布到四面八方的數碼外。

毒芹 Water Hemlock

學名：*Cicuta* spp.
科名：繖形花科（Apiaceae）
生育環境：溫帶氣候，通常靠近河流和濕地
原生地：北美洲
俗名：cowbane（毒牛芹）、wild carrot（野胡蘿蔔）、snakeweed
（蛇草）、poison parsnip（毒歐洲防風）、false parsley（偽洋香
菜）、children's bane（毒童草）、death-of-man（殺人草）

　　一般皆認為毒芹是美國最危險的植物之一，常見於全國各地
的溝渠、沼澤和低草地，攤平成傘狀的白花和齒狀緣的葉片類似
比較能食用的親戚，如胡荽（coriander）、洋香菜和胡蘿蔔。其實
意外的毒芹中毒，都是因為人類誤以為它的根能吃。不幸毒芹的
根帶著微微的甜味，可能促使一些人再咬一口。

　　只要輕咬一、兩下，就會吃下致命劑量的毒芹素（cicutoxin）。這
種毒會讓中央神經系統瓦解，迅速引發噁心、嘔吐、抽搐。兒童
咬一小口毒芹根（全株最毒的部位），就會喪命。

　　1990年代初期，去健行的一對兄弟把毒芹誤認為野人參，其
中一人咬了幾口，數小時內就死亡；另一人只咬了一口，後來抽
搐、譫妄，不過進急診室走一遭之後就復元了。1930年代，許多

兒童用毒芹中空的莖做哨子或吹箭後，不幸喪命。也有兒童將毒芹根誤認為胡蘿蔔的根，咬了幾口之後開始痙攣。

二十世紀，美國總共發生約百起毒芹致死的事件，不過專家相信，實際數字可能遠高於此，因為受害者通常無法活下來，說出他們吃了什麼。

毒芹也會對寵物和牲畜造成威脅。毒芹的氣味不像其他有毒植物一樣難聞，因此動物比較會去啃食。成熟的毒芹植株被牽引機連根拔起時，露出來的軸根可能吸引飢餓的動物。毒性通常很快發作，發現時，動物大都已經死亡。一株毒芹的根就足以殺死一隻一千六百磅的母牛。

毒芹可高達七呎，莖幹上長著紫斑。肉質根部含有大量的毒素，切開根時，含有毒素的濃稠黃色液體會湧出。分布最廣的植種是斑葉毒芹（*Cicuta maculata*）。

美國西部及加拿大地區，有西部毒芹（*C. douglasii*）茂盛地生長於牧場和沼澤。西部毒芹的莖異常厚實，花朵大而強健，有時會被摘作切花用。用它裝飾的主意危險得很；即使手上只沾到一點，也能滲入血液中。

1930年代，許多兒童用毒芹中空的莖做哨子或吹箭後，不幸喪命。

誰是它親戚

殺死蘇格拉底的毒參是毒芹的親戚；其他還包括洋香菜、胡蘿蔔、歐洲防風和蒔蘿。

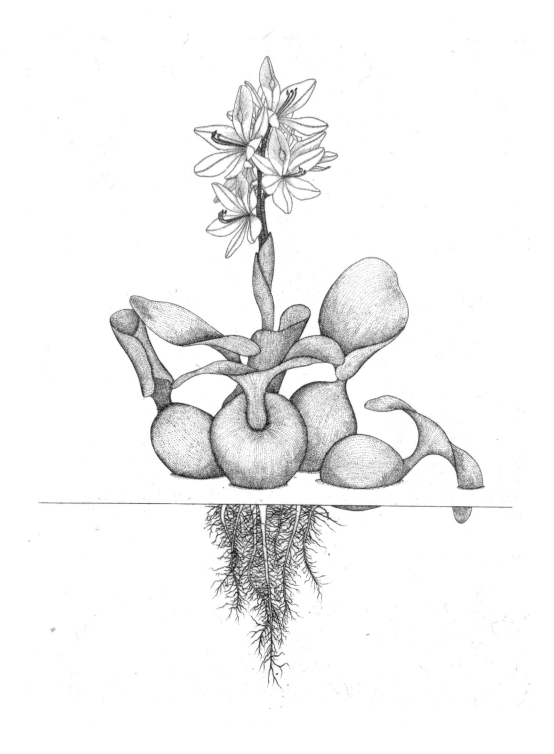

布袋蓮 Water Hyacinth

學名：*Eichhornia crassipes*

科名：雨久花科（ Pontederiaceae ）

生育環境：熱帶及亞熱帶湖泊、河流

原生地：南美

俗名：floating water hyacinth（漂浮布袋蓮）、jacinthe d'eau、jacinto de aqua[8]

布袋蓮原生於南美，不容易辨識。冬季可長至三呎高，甜美的花朵呈薰衣草色，六瓣中有一瓣帶著醒目的黃斑。雖然模樣美麗，但這種水生植物卻罪孽深重，應該被永遠關起來——不過關起來未必有用。

布袋蓮會在水面蔓延開厚厚一層毯狀，即使是商船也無法穿透。這些厚毯自成小島，替其他半水生和草本植物提供一個完美的生長環境。布袋蓮異常多產，族群每二星期就會加倍。自然的掠食者使之無法接管其原生的亞馬遜地區，但卻讓布袋蓮在亞洲、澳洲、美洲和非洲其他地方鬧得無法無天。布袋蓮太恐怖了，因此贏得了自己的金氏世界記錄，是全球最糟的水生雜草。

---

8 jacinthe d'eau 及 jacinto de aqua 分別為法文及西班牙文的布袋蓮。

它的罪行包括：

悶塞水道。布袋蓮能迅速占據湖泊、池塘或河川，減緩水流，吸盡氧氣，使原生植物窒息。

阻礙發電廠。布袋蓮旺盛生長時，可能讓水力發電或水壩無法運作，讓數千名毫不知情的屋主家裡一片漆黑。

讓當地人挨餓。非洲部分地區，漁夫的漁獲量因為布袋蓮而減少一半。巴布亞新幾內亞（Papua New Guinea）的居民受到這種漂浮植物的威脅阻撓，無法出門去捕魚、到農場或市場。

搶奪水資源。由於貪婪的布袋蓮吸走太多水，非洲部分地區因而缺乏乾淨的飲用水。

搶奪養分。布袋蓮雖然因為能吸收重金屬等汙染物，而受到某些少數人的推崇，但它貪得無厭的胃口卻使其他小型水生生物得不到足夠的食物。布袋蓮會吸取氮、磷和植物其他必需的養分，最後什麼也不留。

豢養討厭的寵物。布袋蓮會成為蚊子的養殖場，而蚊子是瘧疾和西尼羅病毒（West Nile virus）的病媒。布袋蓮也會提供某種螺食物，而這種螺則是幾種不同種類的寄生扁蟲非常友善的寄

主。這些扁蟲離開牠們的螺寄主身上之後，會到處游動，直到找到人類寄生。這種疾病稱為血吸蟲病（schistosomiasis，或稱snail fever），正肆虐開發中國家。小蟲在人體內自由旅行，在腦中、脊柱附近或貌似可親的器官產卵。全球逾一億人受到感染。

讓毒蛇猛獸藏身。一份報告指責布袋蓮提供了蛇和鱷魚的藏身處，讓牠們在對上毫無警覺的船夫、洗澡的人和遊客時，占了不公平的優勢。

　　科學家正在研究是否能引入昆蟲來吃這種壞野草，卻又擔心會將另一種生態惡霸引入這場混戰。請密切注意後續發展——並且離布袋蓮遠一點。

> 巴布亞新幾內亞的居民受到這種漂浮植物的威脅阻撓，無法出門去捕魚、到農場或市場。

誰是它親戚

布袋蓮包括數個植種，大部分是入侵種。

社會邊緣植物

有些植物的行為很討厭，讓人尷尬。有
些植物是縱火犯——利用火當武器，殺死競爭
者，替它們的後代清出道路。有些需要高溫的
大火，種子才能發芽。較乾旱地區的一些城
市甚至公布易燃植物名單，要大家避開。

其他討人厭的植物，有些很臭，有些會淌口水，甚至會流
血。下次的花園派對，可別邀請這些園藝社會邊緣植物。

縱火狂

汽油木 Gas Plant

燃燒木 Burning Bush

學名：*Dictamnus albus*

多年生開花樹木，原生於歐洲和非洲部分地區。炎熱的夏季
晚上，這種植物會產生大量揮發性的油分，光是在附近點根火柴

就能讓它起火燃燒。

尤加利樹 Eucalyptus Tree

學名：*Eucalyptus* spp.

原生於澳洲，但已在美國加州馴化；它會產生高度揮發性的桉樹油，替奧克蘭（Oakland）致命的大火火上加油，奪走二十五條人命，摧毀了數千個家園。

蒲葦 Pampas Grass

學名：*Cortaderia selloana*

南美洲原生種，在美國西部成為人人討厭的入侵植物。每叢都可高達十呎，產生大量乾燥鬆脆的生物量，可能助長野火或引來野火。

油脂木 Chamise

學名：*Adenostoma fasciculatum*

開花的叢林灌木，會產生易燃的樹脂；油脂木會在火中恢復活力，也是焦土上最先開始生長蔓延的植物之一。

> **炎熱的夏季晚上，汽油木會產生大量**
> **揮發性的油分，光是在附近點根火柴**
> **就能讓它起火燃燒。**

散布惡臭

巨花魔芋 Titan Arum

學名：*Amorphophallus titanium*

　　貌似巨型的勃根地海芋（burgundy calla lily）。通常間隔數年才開花，開花時唯一的花莖可高達十呎，重達一百磅。植物園裡有屍花綻放時，遊客會排隊觀賞，但館方會警告他們，臭氣可能很強烈，進入溫室時要小心。

大王花 Rafflesia

學名：*Rafflesia arnoldii*

　　有世上最大的花朵，直徑超過四十吋（巨大無比的屍花其實是許多小花聚生在花莖上，因此資格不符）。這種低矮帶斑點的橙色寄生植物，實在只有植物學家才會喜愛。花朵只維持幾天，開花時散發腐肉的惡臭，會吸引其生長的印尼叢林裡以死屍為食的蠅類。

白翅銀樺 White Plumed Grevillea

學名：*Grevillea leucopteris*

　　澳洲的山龍眼科（protea family）植物，產生穗狀的可愛米黃花朵。可惜它的臭味讓人想到舊襪子，因此很少人願意靠近。

臭鳶尾花 Stinking Iris

學名：*Iris foetidissima*

　　生於英國林間的美麗鳶尾花，紫色和白色的花朵讓空氣中充滿烤牛肉味。有些園藝家覺得比較像燒橡膠、大蒜或腐敗的生肉味。

臭嚏根草 Stinking Hellebore

學名：*Helleborus foetidus*

　　因為萊姆綠的花朵和深色誇張的葉片而在英國大受歡迎。葉片壓碎時散發的味道，有人形容為「惡劣」、「討厭」，或單純地「刺鼻難聞」。

臭菘 Skunk Cabbage

學名：*Symplocarpus foetidus*

　　生長於整個北美東部的濕地和亞洲部分地區。能發出熱能；冬天時，臭菘能鑽出冰凍的地面，融化周圍的雪，因此能搶在春季花卉之前開花、吸引授粉者。壓碎臭菘葉片時，發出的難聞氣味類似臭鼬的臭氣。

巫毒百合 Voodoo Lily

學名：*Dracunculus vulgaris*

　　雖然有腐肉味，卻很受園藝家歡迎。每年春天綻放的花朵很像紫黑色的百合。植株可達三呎高，在花園中十分顯眼。幸好花

朵只會在盛開時臭個幾天。

直立延齡草 Stinking Benjamin

學名： *Trillium erectum*

美麗的紅花或藍花延齡草，好生於北美東部的潮濕林地。這種植物臭味較輕——植物學家形容直立延齡草有種麝香，或聞起來像濕掉的狗。

令人作嘔

翼葉毛果芸香 Slobber Weed

學名： *Pilocarpus pennatifolius*

英文名「slobber weed」意為流涎草，但流口水的其實是聞到的人。1898年的《金氏美國藥品解說》（*King's American Dispensatory*）指出，這種植物對唾液腺的影響很強，「使唾液分泌劇烈增加，使當事人必須彎低身體，以方便排出唾液。其影響唾液分泌的期間，至少會分泌一至二品脫的唾液」。

不過別用來當作派對上的小把戲，因為流口水後通常緊接著的是噁心、頭暈和其他難受的症狀。其他會讓人流口水的植物，還有讓人產生鮮紅唾液的檳榔，以及副作用讓人不適甚至致死的毒扁豆與綠珊瑚。

龍血 Sangre de Drago

學名： *Croton lechleri*

桉樹科的灌木，會冒出濃濃的紅色汁液。一些亞馬遜部族用這種「血液」止血、治療一些病痛。

菲律賓紫檀 Pterocarpus Tree

學名： *Pterocarpus erinaceus*

會分泌一種深紅色的樹脂，可做染劑。木材可製成高級木製品；葉片適於餵食牛隻，可能具有療效。

麒麟竭 Draco

學名： *Daemonorops draco*

生長於東南亞；分泌的紅褐色樹脂收集後製成結實的小塊販售，稱為「紅石鴉片」（red rock opium）。1990年代晚期，美國的毒物控制中心和執法單位開始在街上注意到這種東西。不過研究室分析確認沒有致幻特性，而且絕對不含鴉片。

> 翼葉毛果芸香影響唾液分泌的期間，
> 至少會分泌一至二品脫的唾液。

鐮莢金合歡
Whistling Thorn Acacia

學名：*Acacia drepanolobium*
科名：豆科（Fabaceae or Leguminosae）
生育環境：乾燥的熱帶氣候，肯亞
原生地：非洲
俗名：whistling thorn（哨刺）

　　這種卑劣的東非樹木是全球數百種相思樹中最壞心的一員，具有三吋兇惡的刺，不讓吃嫩葉的動物染指它羽狀的葉片。同時，鐮莢金合歡上住了一類攻擊性強、會螫人的螞蟻。

　　總共有四種螞蟻以這些樹為家，不過若住到同一棵樹，就會掀起戰爭。牠們在刺基部隆起的地方咬穿一個洞，就住在裡面。風吹到樹時，小洞就發出奇異的口哨聲。

　　螞蟻不只兇狠，還很有組織。小型義勇軍負責巡邏枝幹，警戒掠食者。牠們會湧到長頸鹿或其他草食動物身上，不讓牠們摧毀家園。其他螞蟻選擇性地修剪樹木，只讓牠們群落附近的枝葉繼續生長，以享用樹木的蜜汁。螞蟻也會咬掉樹幹上的爬藤或其他侵略植物。如果敵隊族群占據的鐮莢金合歡枝條長得太近，螞

蟻甚至會毀去自己的半棵樹，不讓樹冠相交而形成和敵方領土之間的橋梁。

　　兩個族群真正開戰時，就是你死我活的戰爭。研究者將相鄰兩棵樹的樹枝綁在一起，挑起衝突，隔天早上發現地上堆了半吋高的蟻屍。

誰是它親戚

　　輪葉栲（*Acacia verticillata*）在內的一些種類會分泌化學物質，誘發螞蟻的移屍行為（necrophoresis），也就是移除屍體的行為。這些小殭屍像抬自家同伴屍體一樣，抬著輪葉栲的種子，幫助種子散布，開始下一個世代。許多相思樹屬（acacia）的植物都有刺；格吉栲（cat claw acacia，*A. greggii*）的刺會勾住健行者，不肯鬆開，因此有時稱為等我木（wait-a-minute bush）。

> **這些小殭屍像抬自家同伴屍體一樣，抬**
> **著輪葉栲的種子，幫助種子散布，開始**
> **下一個世代。**

誰來晚餐

　　植物不只會用毒和刺武裝自己，有些還找來昆蟲幫忙。很多貌似無害的植物卻是會螫人的螞蟻、黃蜂和其他動物的家，給牠們食物和住所，換取牠們的服務。

裂葉麻櫟 Valley Oak

學名： *Quercus lobata*

　　許多櫟屬樹木都住了黃蜂，不過加州的裂葉麻櫟可是最著名、也是最有敵意的櫟樹。起初是黃蜂在樹葉上產卵。植物細胞開始異常快速地分裂，形成保護性的繭，也就是蟲癭。最後蜂卵孵化成幼蟲，這時可能大如棒球的蟲癭就提供了幼蟲吃住。幼蟲爬出來時，已是成熟的黃蜂。

　　有種黃蜂會使裂葉麻櫟產生的蟲癭從樹上落下。一連幾天，蟲癭中的黃蜂努力掙脫，蟲癭則到處跳動，因此得到「跳動的櫟樹癭」（jumping oak galls）之名。

榕 Figs

學名：*Ficus* spp.

　　榕屬植物和黃蜂之間關係的複雜程度，堪稱植物界之冠。榕屬植物其實不會產生果實——我們吃的多肉多汁的無花果，其實比較接近一小段膨大的莖，加上內部花朵的殘留物，一端有個細小的開口。榕果小蜂可能小如螞蟻，就在這類似果實的結構中繁殖。繁殖完後，母黃蜂就飛去另一顆無花果，爬進去的同時替它授粉，然後產卵。工作完成之後，母黃蜂通常就死在無花果中。幼蟲成長時吃著無花果，成熟後就和彼此交配。公黃蜂在無花果上咬個洞，讓母黃蜂逃出去，達成一生中唯一的目的之後，自己就死了。母黃蜂離開後，「果實」會繼續成熟，最後成為鳥類和人類的食物來源。

　　愛吃無花果的人可能擔心他們吃了一堆黃蜂屍；其實很多商業品種完全不需授粉，也有些品種只由黃蜂授粉，不讓蜂卵進駐。

墨西哥跳豆 Mexican Jumping Bean

學名：*Sebastiana pavoniana*

　　跳豆其實是原產於墨西哥的一種植物之種子。有種褐色的小蛾在豆莢裡產卵，卵孵化成幼蟲，一路吃進豆莢裡，生長過程中用產生的絲將洞封閉起來。幼蟲對溫度很敏感，把種子放在手上，牠就會開始扭動。幾個月後，幼蟲會結蛹，化為成蟲，之後只能存活數日。

蟻巢玉 Ant Plant

學名：*Hydnophytum formicarum*

　　這種東南亞植物是附生植物，生長在其他植物體上。植株基部膨大，形成空洞的大形空間給整窩螞蟻居住。螞蟻會建造多室的結構，並另留空間給蟻后，替幼蟻闢建育幼室，還有丟垃圾的地方。螞蟻廢棄物中的養分，就是植物提供螞蟻住所得到的報償。

黃藤 Rattan

學名：*Daemonorops* spp.

　　黃藤這種植物生長在熱帶雨林，長而結實的莖大量用於製作枴杖和藤木家具。單株可達五百呎高，通常靠其他植物支撐。螞蟻住在黃藤基部，如果感覺黃藤受到攻擊，就會用頭撞擊黃藤，讓基部結構嘎嘎作響、搖動。發布警報後，螞蟻族群就會發動攻勢，兇狠地保護家園，抵抗取用黃藤的人。

白蛇根 White Snakeroot

學名：*Eupatorium rugosum* syn. *Ageratina altissima*
科名：菊科（Asteraceae or Compositae）
生育環境：林地、灌木叢、草地、牧場
原生地：北美
俗名：white sanicle（白山芹菜）

　　邊疆生活夠艱苦了，還得擔心新鮮的牛奶、奶油或肉類遭致命的植物汙染。美國早期的農場生活中，大家對牛乳瘟的危險早已司空見慣；整家人可能經歷虛弱、嘔吐、顫抖和精神錯亂等症狀而後身亡。牛隻身上也會出現病徵；馬匹和母牛蹣跚走動，最後死去，而農夫只能無助地站在一旁，渾然不知牛吃的草是罪魁禍首。牛乳瘟極為常見，當年此病肆虐的美國南部，至今仍有地方名為乳瘟嶺（Milk Sick Ridge）、乳瘟灣（Milk Sick Cove）和乳瘟谷（Milk Sick Holler）。

　　亞伯拉罕・林肯之母——南西・漢克斯・林肯（Nancy Hanks Lincoln）是牛乳瘟最著名的受害者之一。她與病魔奮鬥了一星期，最後依然不治，而她在印地安納州小鴿河鎮的阿姨、姨丈和其他數人亦死於此病。南西・林肯於1818年過世，得年三十四歲，身後留下九歲的亞伯拉罕・林肯與其姊莎拉。林肯的父親親

自為妻子打造棺材；小亞伯拉罕則幫忙刻出母親棺材的木釘。

　　十九世紀，有幾位醫生和農夫分別發現白蛇根是這種疾病的元兇，然而當時消息傳遞緩慢。伊利諾州一位名叫安娜·比克斯比（Anna Bixby）的醫生注意到這種病有季節性，懷疑和夏季出現的某種植物有關。她在田野間徘徊，最後找到白蛇根，並餵食小牛這種野草以確認病因。比克斯比還曾領導從她社區根除白蛇根的活動，至1834年前後，幾乎使該地區的牛乳瘟絕跡。她試圖報告當局，不幸無人理會；或許是女性醫生不受重視的緣故吧。

　　早年另一位發現者，是伊利諾州麥迪遜郡（Madison County）的一位農夫，威廉·傑瑞（William Jerry）。1867年，他發現他的牛吃過白蛇根之後，才發生牛乳瘟。然而，直到1920年代，白蛇

根才被廣泛視為病因。農夫最後終於學會圈起牛隻，或由放牧地拔除這種野草，以預防牛乳瘟。

　　白蛇根植株可達四呎高，開出簇生的小白花，和野胡蘿蔔的花近似。北美東部和南美全區依然可見這種植物的蹤跡。植株中有毒成分為佩蘭毒素（tremetol），毒素在植株乾燥後仍具毒性，因此除了放牧地，也威脅著秣草種植地的安全。

白蛇根是牛乳瘟的元兇。亞伯拉罕．林肯之母 ── 南西．漢克斯．林肯正是乳毒病最著名的受害者之一。

誰是它親戚

　　紫澤蘭（joe-pye weed, *Eupatorium purpureum*）常種植於蝴蝶園，北美蘭草（boneset, *E. perfoliatum*）曾用作放鬆劑，並用以治療發燒、感冒。這兩種植物都是白蛇根的親戚。

別踩我，少惹我

有些植物靠著搭便車，藉動物或沒防備的健行者移動。這些植物是植物界中最積極的成員，幾乎是跳出來咬住裸露的腳踝或抓住黃金獵犬的尾巴。它們具有魚鉤狀的細小倒鉤，因此愈用力拔，它們鑽得愈深。

跳躍仙人掌 Jumping Cholla
學名：*Cylindropuntia fulgida*
泰迪熊仙人掌 Teddy Bear Cholla
學名：*C. bigelovii*

這兩種仙人掌原生於美國西南部。健行者堅稱這種植物會伸出刺抓住靴子或穿褲子的腿。其實它們的刺很強韌，因此即使輕輕鉤著，也會使植物的一部分脫離。別想把刺拔出來，免得反而黏在手上。有經驗的遊客會帶把梳子，迅速地一梳，就能痛苦地除去仙人掌。

鉤爪草 Grapple Plant
魔鬼爪 Devil's Claw
學名： *Harpagophytum procumbens*

結實的多年生藤本植物，生長於南非。長了倒鉤的果莢直徑可達數吋，每根刺都有如爪鉤，因而得名。有著美麗的粉紅花朵，外觀近似牽牛花，但折磨人的大型種子成為放牧農人和牧人的威脅。鉤爪草也試圖補償它們造成的痛苦；其根部的萃取物是治療疼痛和發炎的熱門偏方。

長角胡麻 Unicorn Plant
學名： *Proboscidea louisianica, P. altheaefolia or P. parviflora*

原生於美國西部及南部，在地面蔓延，貌似瓜藤。華麗的粉紅、黃色花朵呈喇叭狀，產生的果莢帶著長長的彎鉤，能輕易黏上鞋子或蹄子。種子本身則帶著較小的銳利刺棘。又稱魔鬼爪（devil's claw）、惡魔角（devil's horn）或公羊角（ram's horn）。

黃花胡麻 Mouse Trap Tree
學名： *Uncarina grandidieri*

小型喬木，原生於馬達加斯加，受熱帶植物愛好者歡迎，見於全美各地的植物園。可愛的黃花長達三吋，結成綠色的果實，果實上覆著奇異的刺。每根刺末端都帶著小鉤；果實乾燥時，殘留的莢果就成了大災難，絕對可以困住老鼠。曾被纏住的人表示，除去果莢的過程就像在玩中國指套[9]。

---

9 Chinese finger trap，捉弄人的玩具，手指插入管狀的兩端之後，就難以掙脫。

鼠大麥 Foxtail

學名：*Hordeum murinum*

　　野生的大麥，產生狹長帶倒鉤的種子穗，夏天會藏進狗的毛裡。不過它的俗名狐尾草（foxtail）也用於數種其他有類似種子穗的草本植物。例如，硬雀麥（ripgut grass，*Bromus diandrus*）太頑固，甚至能穿透動物的胃黏膜，使動物喪生。

　　鼠大麥有細小的倒鉤，一旦刺入皮下，從外觀就無法發現，而且難以去除。種莢的外皮帶有一種細菌，能讓倒鉤更輕易穿透皮膚，甚至在體內移動。狗最容易受害；獸醫曾在狗的腦子、肺部和脊髓中發現鼠大麥。

羊帶來 Cocklebur

學名：*Xanthium strumarium*

　　菊科的夏季野草，散布甚廣。原產於北美，但已成為全球可見的入侵種。羊帶來會產生布滿刺的小型果莢，果莢雖然不難移除，卻可能毀了放牧羊隻的羊毛。種子有毒，大部分人類不會嘗試，但可能害死牲畜。

牛蒡 Burdock

學名：*Arctium lappa, A. minus* 及其他

　　產生薊狀的刺果，會黏住衣物和毛皮；葉子和莖都會刺激皮膚。牛蒡的刺果相較之下容易除去，不過也具有其他黏著植物和鉤刺植物的魚鉤構造。這種構造引起喬治·麥斯楚（George de

Mestral）的注意。這位瑞士工程師發明的魔鬼氈（Velcro）靈感來源，就是他的狗散步後身上帶的牛蒡刺果。

蒺藜草 Sand Burr

學名： *Cenchrus echinatus*

光梗蒺藜草 Grass Burr

學名： *C. incertus*

這些類似草本的入侵植物已在美國南部馴化。它們藏身於草坪，產生小型的銳利鉤刺，會折磨健行者，懲罰斗膽光腳跑過院子的兒童。茂盛生長於養分缺乏的沙質土壤。可能刺激牲畜的眼睛和嘴唇，造成可能受感染的潰瘍。控制不易；一些南方人報仇的方式是用其刺果、葡萄汁、糖和香檳酵母釀造蒺藜草酒。

> 鼠大麥種莢的外皮帶有一種細菌，能讓倒鉤更輕易穿透皮膚，甚至在體內移動。狗最容易受害；獸醫曾在狗的腦子、肺部和脊髓中發現鼠大麥。

紫杉 Yew

學名：*Taxus baccata*
科名：紅豆杉科（Taxaceae）
生育環境：溫帶森林
原生地：歐洲、西北非、中東、亞洲部分地區
俗名：紅豆杉、common yew（紫杉）、European yew（歐洲紫杉）、English yew（英國紫杉）

　　1240年，巴鐸羅慕・安格列科斯（Bartholomaeus Anglicus）在他編的百科全書《論事物的特性》（*On the Properties of Things*）裡描述紫杉，是「帶有毒液和毒藥的樹」。這種帶著劇毒的樹在英國被稱為墳場樹（graveyard tree），或許理所當然。會得到這個名字，並不是因為紫杉能讓人提早進墳墓，而是羅馬侵略者開始在紫杉樹下布道，希望藉此吸引異教徒。今日英格蘭鄉間的一些教堂附近，還能找到古老的紫杉。

　　這些樹在墓地的身影給了英國詩人阿弗烈・丁尼生男爵（Lord Alfred Tennyson）靈感，他寫道：「你的纖維裹住失去夢想的頭顱／根包住骨頭。」賽爾伯恩（Selborne）這個英國村子教堂邊古老的紫杉，在1990年的一場暴風雨中倒下，根裡果然發現年代久遠的死者骨骸。

紫杉是生長緩慢的常綠植物，能存活二至三世紀，不過緻密的木材未必形成年輪，很難判斷成熟樹木的年齡。紫杉因為有細小的針葉和紅色果實，而成為賞心悅目的景觀樹木，樹高能輕易到達七十呎。英國常將紫杉修枝，形成樹籬；漢普頓宮（Hampton Court Palace）傳奇的三百年樹籬迷宮現在種植的幾乎都是紫杉了。

紫杉全株有毒，紅色的漿果（正式名稱為假種皮）是例外，但假種皮中仍有有毒的種子。假種皮本身微甜，對兒童是個誘惑。吃下幾粒種子或一把葉子，就會造成胃腸不適，脈搏降低到危險的程度，甚至引發心臟衰竭。一份醫療指南悲哀地指出，「很多受害者來不及描述他們的症狀」，因為發現時人已經死了。紫杉對寵物和牲畜是很大的威脅。一篇獸醫方面的文章寫道，「紫杉中毒的第一個徵兆通常就是意外死亡」。

凱撒（Caesar）的《高盧戰記》（*Gallic Wars*）中，利用紫杉自殺成了避免面對戰敗的方法。卡圖瓦克斯（Catuvolcus）是一個部族的國王，居於今日稱為比利時之地，他「年老力衰……沒體力面對戰爭或逃跑」，於是「用紫杉樹的汁液自我了斷」。老普林尼寫道，紫杉木做的「旅行者之瓶」裝進酒，喝了就會中毒。

不過，想把紫杉樹從花園拔除的人，且慢動手：1960年代早期，美國國家癌症研究院（National Cancer Institute）發現，紫杉的萃取物具有抗腫瘤的性質。現在紫杉醇（paclitaxel，或稱Taxol）這種藥，已被用來對抗卵巢癌、腦癌和肺癌，可望能治療其他許多癌症。萊姆赫斯特有限公司（Limehurst Ltd.）等等的公司會從英國花園收集樹籬修剪下來的枝葉製藥。研究顯示，紫杉甚至會將帶藥

性的物質分泌到土壤中，或許可以不傷害樹木就取得抗癌物質。

賽爾伯恩這個英國村子教堂邊古老的紫杉，在1990年的一場暴風雨中倒下，根裡果然發現年代久遠的死者骨骸。

誰是它親戚

歐洲紫杉的親戚包括日本紅豆杉（Japanese yew，*Taxus cuspidata*）、太平洋紫杉或西部紫杉（Pacific yew、western yew，*T. brevifolia*）和加拿大紅豆杉（*T. canadensis*）。日本紅豆杉原產於日本，分布遍及北美；太平洋紫杉見於美國西部；加拿大紅豆杉見於加拿大及美國東部，亦稱美國紫杉（American yew）或平地鐵杉（ground hemlock）。

附記

解毒劑

　　二十世紀裡，專家皆建議以吐根糖漿治療意外中毒。吐根劑是用巴西一種開花灌木吐根的根製成。這種糖漿是強效催吐劑，會引發劇烈嘔吐，可能吐出誤食的毒物。吐根糖漿最後成為意外中毒的藥方，進入有幼兒的所有家庭醫藥箱裡。

　　然而，美國小兒科醫學會（American Academy of Pediatrics）和其他醫療團體現在已在勸阻大眾，除非是依據醫生或毒物控制中心建議，否則不應使用吐根。患有暴食症的人會濫用吐根糖漿；吐根甚至導致歌手凱倫・卡本特（Karen Carpenter，木匠兄妹合唱團裡的妹妹）之死。吐根亦用於少數轟動社會的下毒案，有些父母用吐根毒害子女以求得到注目；這種症狀稱為代理孟喬森症候群（Munchausen syndrome by proxy）。對於中毒事件，醫生有更有效的治療方式，並認為居家使用吐根，可能延誤理想的治療時機，且會掩蓋症狀。他們建議應打電話給毒物控制中心，或立刻就醫。

附記

有毒植物園

安尼克有毒植物園 Alnwick Poison Gardens

　　這座園子位於英國的諾森伯蘭（Northumberland），想看邪惡的植物，這兒是全世界最棒的地方。哈利‧波特的影迷會認出，中世紀的安尼克堡（Alnwick Castle）正是前二部電影中的霍格華茲學院。城堡周圍的數個花園中，有個精心設計的有毒植物園，天仙子和顛茄就在菸草和籠中大麻的樣本旁欣欣向榮。很值得一看。詳見網站：http://www.alnwickgarden.com，或電+44(0)1665 511350。

帕杜瓦植物園 Botanical Garden of Padua

　　全球歷史最悠久的植物園，位於義大利威尼斯附近的帕多瓦（Padova），園內有毒植物的收藏令人驚歎。詳見網站：http://www.ortobotanico.unipd.it/eng/index.htm，或電+39 049 8272119。

雀兒喜藥用植物園 Chelsea Physic Garden

　　這座藥用植物園位於倫敦市中心，牆垣環繞，成立已有一世

紀之久，園內有多種藥用、有毒植物，及驚豔的「各科花床」園，展示各科植物如何彼此關聯。詳見網站：http://www.chelsea-physicgarden.co.uk，或電+44(0)20 7352 5646。

蒙特婁植物園 Montreal Botanical Garden

這座世界級的植物園內圍起一座小型的有毒植物園和一座藥用植物園。收藏中甚至包括毒漆藤。詳見網站：http://www2.ville.montreal.qc.ca/jardin/en/menu.htm，或電+1(514)872-1400。

馬特博物館 Mutter Museum

費城醫學大學（the College of Physicians of Philladelphia）有座博物館記錄了有點恐怖的醫療歷史。除了古董醫療器材和病理樣本之外，還有一座藥用植物園栽培著各種厲害的植物。詳見網站：http://www.collphyphil.org，或電+1(215)563-3737。

W·C·繆恩丘有毒植物園 W. C. Muenscher Poisonous Plants Garden

康乃爾大學（Cornell University）在紐約州的伊薩卡（Ithaca）有座附屬於獸醫系的有毒植物園。園內大多數植物，北美的園藝家應該都很熟悉；其目標是讓獸醫系學生熟悉動物最可能遇到的植物。詳見網站：http://www.plantations.cornell.edu，或電+1(607)255-2400。

有毒植物資料庫、有毒植物的照片等連結詳
見網站：http://www.wickedplants.com

附記

參考文獻

有毒植物資源與辨識指南

Brickell, Christopher. *The American Horticultural Society A-Z Encyclopedia of Garden Plants.* New York: DK Publishing, 2004.

Brown, Tom, Jr. *Tom Brown's Guide to Wild Edible and Medicinal Plants.* New York: Berkley Books, 1985.

Bruneton, Jean. *Toxic Plants Dangerous to Humans and Animals.* Secaucus, NJ: Lavoisier Publishing, 1999.

Foster, Steven. *Venomous Animals and Poisonous Plants.* New York: Houghton Mifflin, 1994.

Frohne, Dietrich. *Poisonous Plants: A Handbook for Doctors, Pharmacists, Toxicologists, Biologists and Veterinarians.* Portland, OR: Timber Press, 2005.

Kingsbury, John. *Poisonous Plants of the United States and Canada.* Englewood Cliffs, NJ: Prentice Hall, 1964.

Klaassen, Curtis. *Casarett & Doull's Toxicology: The Basic Science of Poisons.* New York: McGraw-Hill Professional, 2001.

Turner, Nancy. *Common Poisonous Plants and Mushrooms of North America.* Portland, OR: Timber Press, 1991.

Van Wyk, Ben-Erik. *Medicinal Plants of the World.* Portland, OR: Timber Press, 2004.

延伸閱讀

Adams, Jad. *Hideous Absinthe: A History of the Devil in a Bottle.* Madison: University of

Wisconsin Press, 2004.

Anderson, Thomas. *The Poison Ivy, Oak & Sumac Book: A Short Natural History and Cautionary Account.* Ukiah, CA: Action Circle Publishing, 1995.

Attenborough, David. *The Private Life of Plants: A Natural History of Plant Behaviour.* Princeton, NJ: Princeton University Press, 1995.

Balick, Michael. *Plants, People and Culture: The Science of Ethnobotany.* New York: Scientific American Library, 1996.

Booth, Martin. *Cannabis: A History.* New York: St. Martin's Press, 2003.

Booth, Martin. *Opium: A History.* New York: Thomas Dunne, 1998.

Brickhouse, Thomas. *The Trial and Execution of Socrates.* New York: Oxford University Press, 2001.

Cheeke, Peter R. *Toxicants of Plant Origin.* Vol. I, *Alkaloids.* Boca Raton, FL: CRC Press, 1989.

Conrad, Barnaby. *Absinthe: History in a Bottle.* San Francisco: Chronicle Books, 1988.

Crosby, Donald. *The Poisoned Weed: Plants Toxic to Skin.* New York: Oxford University Press, 2004.

D'Amato, Peter. *The Savage Garden: Cultivating Carnivorous Plants.* Berkeley, CA: Ten Speed Press, 1998.

Everist, Selwyn. *Poisonous Plants of Australia.* Sydney, Australia: Angus and Robertson, 1974.

Gately, Iain. *Tobacco: The Story of How Tobacco Seduced the World.* New York: Grove Press, 2001.

Gibbons, Bob. *The Secret Life of Flowers.* London: Blandford, 1990.

Grieve, M. *A Modern Herbal.* Vols. 1 and 2. New York: Dover, 1982.

Hardin, James. *Human Poisoning from Native and Cultivated Plants.* Durham, NC: Duke University Press, 1974.

Hartzell, Hal, Jr. *The Yew Tree: A Thousand Whispers.* Eugene, OR: Hulogosi, 1991.

Hodgson, Barbara. *In the Arms of Morpheus: The Tragic History of Laudanum, Morphine, and Patent Medicine.* Buffalo, NY: Firefly Books, 2001.

Hodgson, Barbara. *Opium: A Portrait of the Heavenly Demon.* San Francisco: Chronicle Books, 1999.

Jane, Duchess of Northumberland. *The Poison Diaries.* New York: Harry N. Abrams, 2006.

Jolivet, Pierre. *Interrelationship between Insects and Plants.* Boca Raton, FL: CRC Press, 1998.

Lewin, Louis. *Phantastica: A Classic Survey on the Use and Abuse of Mind-Altering Plants,* Rochester, VT: Park Street Press, 1998.

Macinnis, Peter. *Poisons: From Hemlock to Botox to the Killer Bean of Calabar.* New York: Arcade Publishing, 2005.

Mayor, Adrienne. *Greek Fire, Poison Arrows, and Scorpion Bombs: Biological and Chemical Warfare in the Ancient World.* Woodstock, NY: Overlook Duckworth, 2003.

Meinsesz, Alexandre. *Killer Algae.* Chicago: University of Chicago Press, 1999.

Ogren, Thomas. *Allergy-Free Gardening.* Berkeley, CA: Ten Speed Press, 2000.

Pavord, Anna. *The Naming of Names: The Search for Order in the World of Plants.* New York: Bloomsbury, 2005.

Pendell, Dale. *Pharmakodynamis Stimulating Plants, Potions, and Herbcraft: Excitantia and Empathogenica.* San Francisco: Mercury House, 2002.

Rocco, Fiammetta. *Quinine: Malaria and the Quest for a Cure That Changed the World.* New York: HarperCollins, 2003.

Schiebinger, Londa. *Plants and Empire: Colonial Bioprospecting in the Atlantic World.* Cambridge, MA: Harvard University Press, 2004.

Spinella, Marcello. *The Psychopharmacology of Herbal Medicine: Plant Drugs That Alter Mind, Brain, and Behavior.* Cambridge, MA: The MIT Press, 2001.

Stuart, David. *Dangerous Garden: The Quest for Plants to Change Our Lives.* Cambridge, MA: Harvard University Press, 2004.

Sumner, Judith. *The Natural History of Medicinal Plants.* Portland, OR: Timber Press, 2000.

Talalaj, S., D. Talalaj, and J. Talalaj. *The Strangest Plants in the World.* London: Hale, 1992.

Timbrell, John. *The Poison Paradox.* New York: Oxford University Press, 2005.

Todd, Kim. *Chrysalis: Maria Sibylla Merian and the Secrets of Metamorphosis.* New York: Harcourt, 2007.

Tompkins, Peter. *The Secret Life of Plants.* New York: Harper Perennial, 1973.

Wee, Yeow Chin. *Plants That Heal, Thrill and Kill.* Singapore: SNP Reference, 2005.

Wilkins, Malcom. *Plantwatching: How Plants Remember, Tell Time, Form Relationships, and More.* New York: Facts on File, 1988.

Wittles, Betina. *Absinthe: Sip of Seduction; A Contemporary Guide.* Denver, CO: Speck Press, 2003.

邪惡植物博覽會／艾米·史都華（Amy Stewart）著；布萊恩
　妮·莫羅－克里布斯（Briony Morrow-Cribbs）、強納森·
　羅森（Jonathon Rosen）繪；周沛郁譯. -- 二版. -- 臺北市：
　臺灣商務, 2014. 01
　　面；　公分. --（OPEN；1:67）
　譯自：Wicked Plants: The Weed That Killed Lincoln's Mother
　and Other Botanical Atrocities
　ISBN 978-957-05-2836-7（平裝）

1. 有毒植物

376.22　　　　　　　　　　　　　　　　　　　102008416